南岭山脉

大粤菜

赵利平 —— 著

广州出版社
GUANGZHOU PRESS

图书在版编目（CIP）数据

大粤菜 / 赵利平著 .— 广州：广州出版社，2023.8
ISBN 978-7-5462-3609-4

Ⅰ.①大… Ⅱ.①赵… Ⅲ.①粤菜－饮食－文化－通
俗读物 Ⅳ.① TS971.202.65-49

中国国家版本馆 CIP 数据核字（2023）第 083817 号

出 版 人　柳宗慧
书　　名　大粤菜
　　　　　Da Yuecai
出版发行　广州出版社
　　　　　（地址：广州市天润路 87 号广建大厦 9、10 楼
　　　　　邮政编码：510635）
网　　址　www.gzcbs.com.cn
责任编辑　郑　薇　蚁燕娟
文字编辑　霍婉兰　潘　瑞
特邀编辑　谭　越　林诗婷
责任校对　窦兵兵
书名题写　赵利平
书籍设计　谭达徽
印　　刷　广州市岭美文化科技有限公司
　　　　　（地址：广州市荔湾区花地大道南海南工商贸易区 A 幢
　　　　　邮政编码：510385）
开　　本　710 毫米 ×1000 毫米　1/16
印　　张　23
字　　数　327 千
版　　次　2023 年 8 月第 1 版
印　　次　2023 年 8 月第 1 次
印　　数　1—10 000 册
书　　号　978-7-5462-3609-4
定　　价　128.00 元

发行专线：（020）38903520　38903521
如发现印装质量问题，影响阅读，请与承印厂联系调换

专家荐语

大粤菜，粤菜百科全书！

蔡澜

作家，美食家，电影监制，主持人

近年来，大粤菜系的菜式，在传统的基础上开拓创新，不断进步。有意思的是，对粤菜问题，广州的学者，也从各方面作出深入的研究，近两年，竟陆续出版了多种有关粤菜的著作。有学者从典籍爬梳粤菜的发展，作出细致深刻的稽考；有学者根据科学、营养学和食品工程学等原理，分析粤菜为什么会产生不同的滋味；《大粤菜》则在文化品格方面，对粤菜的美感，作出了理论性和文艺性相结合的精彩阐述。

黄天骥

中山大学中文系教授、博士生导师

因美食纪录片拍摄结识赵利平兄，一位谦和的餐饮管理者，也是深谙美食诀要的读书人。谈吃论喝，"质胜文则野，文胜质则史"，煌煌大粤菜，彬彬一君子。

陈晓卿

《舌尖上的中国》《风味人间》总导演，美食专栏作家

我从厨数十年，走过多少大邑小野，力探调味之道，渴求风味之识。无疑《大粤菜》可读、可赏，醍醐灌顶。粤菜成大，在于自古而今岭南之地能博大且从和，所谓积小味成大和，味

和天下安。广东美食广取博纳、兼收并蓄，对中国美食的贡献和发展起到了重大作用。赵利平先生提出"大粤菜"的概念，一定会发挥大粤菜的优势，提升中国优秀传统文化在世界上的高度，推动大粤菜在国际美食的影响力，是大格局。

大董（董振祥）

"大董中国意境菜"创始人，中餐国际化领军人物

《大粤菜》集中了广东菜各式各样的菜谱，林林总总，五花八门，表现出广东厨师丰富的想象力与高超的厨艺、技巧。但是万变不离其宗，它的背后都渗透着广东厨师对这片山水土地的热爱，对这片土地上人的热爱，对这片土地上人与人之间情感交融的维护和热爱。

陈立

《舌尖上的中国》《风味人间》总顾问

《大粤菜》，为粤菜立心，为经典立命，为知之者续绝学，为好知者开太平。

沈宏非

著名美食作家，世界中餐业联合会饮食文化专家工作委员会委员

祖籍顺德，生在香港，我以为自己对粤菜多少应该算是有些认识。但有时恰恰就是因为这种"在地"的背景，反而会有一些身在此山、不识其真面目的局限。而赵老师这本大作，却真能从山川风土、历史源流入手，让我这种老广东开了眼界，见识到粤菜之大，远非一乡一地之习可以穷尽。

梁文道

著名作家，媒体人，文化观察者

《大粤菜》到手，捧读再三，深感利平兄谦恭严谨，不耻下问，广纳良言而完成佳作，深受各方推崇赞誉。正是：群贤毕至，珠玉纷呈，美哉！赋诗一首：

> 潜心博览群书成，南岭风流汇灿星；
> 不耻求贤下问渴，勤耕进取鲲鹏情。
> 珠玑细品温如玉，反复钻研经纬明；
> 粤馔传承鸿鹄志，初心不改赵君平。

何世晃

中烹顶级大师，粤式点心泰斗

结缘赵利平先生多年，站在烹者的角度，反复读他的《大粤菜》书稿，让我深悟到什么是真心用文化解读广东三大菜系的渊源和真功夫，这是美食者和烹者值得拥有的一本书。

钟成泉

潮菜泰斗，汕头东海酒家创始人

狭义的粤菜当然是指广府菜，广义的粤菜则还包括潮汕菜和客家菜。但大粤菜的涵义更为广泛，粤菜对待食物的理念和技法，早已融入各种地方菜系，并成为中国菜的代名词。

张新民

《舌尖上的中国》《风味人间》美食顾问

喜欢粤菜，是从北京那些似是而非的粤菜大排档开始的，后来做了广州女婿，家庭食谱中自然有了广东风味成分。开始时，把一切粤港餐厅的出品都认作是粤菜，后来知道也可以分出广府菜、潮汕菜、客家菜。很长一段时间固执地用这个标准区分岭南美味。赵利平先生提出的"大粤菜"概念，让我的坚持显得狭隘浅直。融合是菜系形成、发展的必由之路，大粤菜统领下的岭南滋味正是广府、潮汕、客家等岭南多种烹饪风格、饮食风味的融合共生之物，你中有我我中有你。《大粤菜》揭示了粤菜发展史中各自独立又相互学习的岭南风味发展进程，是人们了解广东、认识粤菜的必读之书。

董克平

《舌尖上的中国》《风味人间》美食顾问，
世界中餐业联合会饮食文化专家工作委员会委员

粤菜大哉，揽山抱海，其间皆是匠心。由此角度而言，《大粤菜》是见微知著。利平先生写的是一方食事，因笔端烟火有情，便写出了岭粤传统文化的精义。

葛亮

作家，香港浸会大学教授，《燕食记》《北鸢》《朱雀》作者

这部全面、具体、深入叙写论述整个粤菜的菜系之书，给我最大的感受是：这不仅是一部菜系风味的总述，不仅是一部菜系技艺的详解，不仅是一部菜系历史的展开，更重要的是，这是一部菜系通天地山海、融民俗人文的文化长卷。此书有大吃家的情趣风范，有技艺细解的匠人之心，有学术研究的深刻严谨，更一以贯之地具有历史观和文化精神。

石光华

诗人，川菜文化学者，《舌尖上的中国》《风味人间》美食顾问

粤菜归纳起来就十六个字："不时不吃，不鲜不吃，原汁原味，讲究镬气。"开放、创新、包容和进取的广东人精神，打造

了善于学习的粤菜体系。这本《大粤菜》,小中见大,深入浅出,值得推荐。

彭树挺

美食评论家,广东省各餐饮行业协会荣誉会长,广州西餐行业协会永久会长

作为一名厨师,我十分推荐同业们读一下《大粤菜》,尤其是粤菜从业者,更可细细品阅。厨师是手艺人,容易注重做菜的技巧,但往往忽略了其内在的意蕴。这个意蕴是该菜系在历史、人文、地理等因素的多元纠缠。烹饪的技巧是不断创新发展、兼并包容的,但不能丢掉菜系独有的意蕴,这也是常说的"创新不忘传承"。在《大粤菜》中,很妥帖地梳理了粤菜千载发展历程,把粤菜所涵及的特色风味与历史渊源以系统化的结构铺开叙述,将其中的道与哲娓娓道来。此书用一众文字把粤菜细细剖析,再用文火炼出真意,可谓拨雾清瘴,让我们对自家粤菜的认识豁然开朗。

林振国

澳门烹饪协会理事长,世界中餐名厨交流协会理事长,国际中餐大师,
中国烹饪大师,2017 年澳门特别行政区政府旅游功绩勋章获得者

《大粤菜》通过广府、潮汕、客家三大族群的烹饪理念、传统技法和在地食材的分享,让大众清晰地认知粤菜之来龙去脉。而得益于利平兄丰富的工作经验,此书妙趣鲜活,同时不乏详细严谨的实操案例和与时俱进的创新思考,兼顾了教科书与美食指引等多种功能,是难得一见的美食宝典。它必将影响深远!唯有正确了解粤菜的历史与经典,才能超越现在,成为未来的经典。

蔡昊

"好酒好菜"餐厅主理人,著名美食家,威士忌品鉴大师,国际美食美酒评委

"食在广州"的口号名声在外，而"食在广州第一家"的广州酒家，是百年老店，其来有自。赵利平先生在服务和领导广州酒家逾三十年之后，着笔撰写《大粤菜》。在书中，他认为"岭南饮食文化得以形成并独树一帜，从一开始便是一种深刻地'融合'"，"兼收并蓄，容纳大千""兼容开放而能集大成"。在我的理解中，粤菜的名声由鹊起而鼎盛而绵泽不断，缘由是它是随商业文明一路而来。商业繁盛之处，熙熙攘攘，生机勃勃，红尘万丈。如果你对粤菜有兴趣，当不会错过《大粤菜》对此的追根溯源、纵向总结、横向细叙。

黄爱东西

作家，资深媒体人，当代岭南都市随笔及散文风格的代表人物

　　"食在广州"这个踏实、美好而响彻云霄的形容，说出的是广州人对日常生活无言的热爱。粤菜是其中最重要的载体之一。由广府菜而及潮汕菜、客家菜，这幅"大粤菜"美食地图，整全精微，大美有味。赵利平以欢悦之心历数菜中名品，那些活色生香的讲述，如同制作纸上的筵席，文字谨严，味蕾奔放，烟火气的背后，尽显一个地方的性情和灵魂。《大粤菜》从食事的角度描述了岭南人的爱与敬，并再次证明，日常生活才是岭南文化永不破败的肉身。

谢有顺

中山大学中文系教授、博士生导师，广东省作家协会副主席

　　我想用"依于食，游于艺，成于商"来形容赵利平其人其书，意思是他长期奉献于饮食服务业，所谓"依于食"；却藉文艺开辟广州酒家发展的一条蹊径，所谓"游于艺"；最终还是经过在商言商的商业实践检验其努力的含金量，所谓"成于商"。这本《大粤菜》，既是"依于食，游于艺，成于商"的结晶，当然也

有望成为粤菜研究与写作的经典。

周松芳

文学博士，文史学者，专栏作家

尽管在粤菜的诸多认识上与利平兄的观点不尽相同，但利平兄是个实战派，广州酒家在传承广府菜文化的实践中不遗余力，且成效卓越，利平兄的作用举足轻重，仅这一点就足以让我高山仰止、顶礼膜拜。利平兄把这么多年的实践掏心掏肺地拿出来，这本身就是一场盛宴。

林卫辉

美食专栏作家，公众号"辉尝好吃"主理人，《风味人间》美食顾问

大儒张载在他的"横渠四句"中提到"为往圣继绝学，为万世开太平"。我以为这也适用于《大粤菜》一书的现实意义描述。俯首是灶火英雄，落笔是味道史官。如果说对味道的感悟有诗意与具象的分野，那么餐饮人的文字就是负重负梦的董狐直笔。

闫涛

美食评论家，《舌尖上的中国》《风味人间》美食顾问

《大粤菜》立足于"大"，大时代，大背景，大江大河；精妙于"微"，都是切身体验，种种食物都有掌故，亲身经历过，故而文字湿润，犹如岭南的气候。大笔写小菜，也是大味蕾探知小日子。正是这些常年的生活体验，串联起广府、潮汕、客家的山川滋味，读后可以口舌生津。

小宽

美食评论家

序

大粤菜

序一　从文化品格谈粤菜美感

几年前，中央电视台播放了纪录片《舌尖上的中国》，轰动一时，让华夏子孙骤然开始关注我国文化传统中至为重要的一面——饮食。近来，我常在晚饭后打开电视机，看到在这黄金时段里，各省的电视台纷纷连续播放有关"吃"的画面。前些时，各电视台似乎着重在"摆谱"，介绍各地高贵的名牌菜式；后来，似乎又更多地走入寻常百姓家，让观众看到各种家常菜式的烹调方法。

这些有关饮食的纪录片，一般是由厨师担任主角，展示菜式烹调的过程。首先，当然是介绍制作食品的原料，然后展示刀功和蒸、煎、炒、炖等各种制作手法，以及使用何种调味、如何加热之类的过程。厨师边说边做，旁边必有一两位俏丽姑娘或搞笑帅哥充当"捧眼"和"逗眼"的角色。菜煮好了，一定让姑娘先尝，她便会眯着丹凤眼，张开樱桃嘴，啜着佳肴，娇滴滴地拖长声音，说声"好好食呀！""真系好味道呵！"之类。这时候，作为观众，我最感难受：一方面，垂涎欲滴；一方面，正如周敦颐所说"可远观而不可亵玩焉"。至于怎样"好食""好味道"，她也没法让我领略。这既勾起了我的食欲，又让我如隔靴搔痒，白流口水，实在不是滋味。

幸而，最近看了赵利平君的大著《大粤菜》，才让我从他对粤菜细腻生动的描写中，从他准确扼要的理论概括中，获得了类似"解馋"般的感受，获得了对粤菜作为传统文化的重要方面的认识，更重要的是，还引起了我在哲学上对审美问题的思考。

革命先行者孙中山先生在《建国方略》中曾说了一段话："我中国近代文明进化，事事皆落人之后，惟饮食一道之进步，至今尚为文明各国所不及。"中山先生为推翻封建帝制，到世界各地，为革命奔走，当然领略过各地饮食的风味，知道在饮食方面我国先进的程度。事实上，我国饮食之美，也确为全世界所公认。近代以来，凡是到过中国的外国朋友，当品尝过中国的饮食后，无不赞不绝口。在国外，当他们一提起中国菜，便食指大动，巴不得立刻跑到各地唐人街，找寻中国菜馆，尝鲜解馋。而来自岭南的粤菜，往往更受各国食客所欢迎。君不见，世界各地的唐人街，必有粤菜馆，也必多有"番鬼佬"跑来光顾，就足以说明一切。

但是，为什么中国饮食之进步为世界各国所不及？为什么粤菜那么好吃？这与岭南文化有什么关系？这一系列问题，近来在学界虽然有人注意，但论者往往没有从事饮食烹饪或经营管理的经验，多半只能从书本到书本，作一些大而化之的论述而已。至于能从感性和理性相结合的角度，生动地描述和清晰地论述这重要问题者，则如凤毛麟角。因此，当我拜读赵利平君的大著时，竟觉余香满口，又如见庖丁解牛，豁然开朗。

从古以来，我国对饮食是重视的。哲学家们注意到"食、色，性也"，认为饮食是人的本性问题，是维持生命存在的第一性问题。在"活着"的前提下，孔老夫子在《论语》中也说"食不厌精，脍不厌细"，这是对饮食提出美味的要求。人们也早就认识到，食物有"五味"——据《吕氏春秋·本味》指出，早在远古的夏朝，伊尹便说食物有"甘、酸、苦、辛、咸"五味，而要把它做出美味，就必须把五味调和。东汉时，荀悦在《申鉴杂言》中有云："夫酸咸甘苦不同，嘉味以济，谓之和羹。"所谓和，就是把食物中不同的味调和起来，而不是只有单一的味。在我国，传统的哲学思想是"天人合一"论，实质上，我们的祖先早就认识到从物质世界到精神世界，都是矛盾的统一体。天与人，自然是一对矛盾，它们之间，明显存在着差异。但是，这二者又是"合一"的，这是物质世界和意识形态的客观存在。只有把不同的事或物统一起来，协调起来，才能获得完善和完美的效果。正是基于中华文化思想传统的浸润，从古以来，我们的祖先对调制食物的要求，也追求"和"，亦即把不同食材的滋味统一起来，"和而不同"，才可能在味觉上产生美的感受。这一点，其实在我国民间也都是有认知的，人们不是常说"若要甜，加点盐"吗？盐是咸的，它的味和甜味是矛盾的，是有差异的，但如果适当地把二者调和起来，两种物质产生的化学作用，就能让人的味觉从食物中获得更甜更鲜的感受。

我国是农业社会，从远古开始，祖先们的饮食一直以植物类为主；随着畜牧业的发展，禽畜鱼等动物也成为人们饮食的重要部分。在汉代，张骞通西域，随着域外食物如胡桃、胡椒、胡核、黄瓜、大蒜等的传入，我们的食谱更加丰富。同时，我国地大物博，人口众多。在统一构成中华文化的基础上，不同地区的文化，也有所区别。在饮食方面，主粮多是"南米北面"，又因各地的食材和烹饪技巧的不同，在饮食味道方面，可以区分为鲁、川、粤、苏、闽、浙、湘、徽八大菜系。不同的菜系，有着不同的特色。因此，如何研究和论述我国的饮食文化，在学术上的确是一个难题。值得高兴的是，赵利平君的《大粤菜》，以"解剖一只麻雀"的办法，选取在八大菜系中具有典型意义的粤菜，作了深入的分析，为我们打开了研究中华饮食文化的一个窗口。

利平君把论著称为《大粤菜》，是符合粤菜的实际情况的。所谓"粤菜"，确实具有"广府菜""潮汕菜"和"客家菜"等分支。又因广州是岭南政治经济和交通中心，随着潮汕人、客家人、粤西人在广州汇合，广府菜式也接受和融合了潮汕菜和客家菜，让自身的菜系更加丰富。我是纯正的广州人，吃惯了广府的白斩鸡、及第粥，但当在广州的菜馆吃到潮汕的芋泥，吃到客家的盐焗鸡时，我才知道天外有天，才知道什么是天下之至味！当然，广府菜式的佳妙处，也为潮汕菜和客家菜所吸取。这三者，构成了以广府菜为中心的粤菜谱系。在《大粤菜》中，赵利平君详细叙述处于中原的"化外之地"，亦即居住在岭南的古越族的生活艰辛，不管什么蛇虫鼠蚁，捉来就吃，于是形成了惯于杂食的本性和传统。其后，在不同时期，基于各种原因，中原汉族人民不断南迁。岭南土著吸收了中原文化，结合本土的生活习惯，在饮食上便形成了具有特色的谱系。特别是从明代直到清末民国初期，广州成为对外贸易的中心，和海外人士有着广泛的接触，接受了外来文化的影响，在饮食和烹饪艺术等方面，也融合了西方文化的特色。易言之，"粤菜不拘一格，充分利用岭南丰富的海陆食材，在烹饪技术上'北菜南用，中菜西做'，进而融会贯通，创造独属于粤地与时俱进的风味"。赵利平君这一判断，扼要而准确。显然，粤菜谱系的形成，正是岭南人既务实包容又善于交融创新的文化特色在饮食方面的折射。而粤菜谱系的风格，反过来又彰显了岭南文化在中华文化中独特和重要的地位。

烹饪是一门艺术，艺术能让人产生美感。美感来自客观事物与人的视觉、听觉和味觉的接触。当然，味觉的产生，和视觉、听觉不同。后二者，客观事物与作为人的主观受体，必然保持一定距离的空间。而味觉的产生，乃是某些化学物质——固体或液体作用于动物口腔的反应。即使是凝聚为固体的物质，也必然经过牙齿咬嚼的压力，其汁液作用于审美主体的唾液，直接为味蕾所吸收，于是刺激大脑皮质细胞的某一部分，从而引发特殊的感觉。作为审美主体的人，受到不同基因和生活习性的影响，各人的大脑皮质细胞会有不同的数量和不同的组合方式，因而在接受味蕾的反应后，会产生不一样的感觉。总之，味觉和听觉、视觉一样，都储存于人的大脑，都能让人产生不同的判断，也能产生美的感受。

美感的存在，是艺术作品产生的重要基础。因此，凡是能由人所创造，并且能让人感受到美的事物，都是艺术品，其中具有巧思匠心的创造者，都可称之为艺术家。有趣的是，早期一些西方的哲学家却有不同的看法。在古希腊，对欧洲文化思想具有广泛影响的柏拉图说过："美就是由视觉和听觉产生的快感。"（《大希庇阿斯篇》）这话当然不错，但他分明把组成人类感知的重要部分——味觉排斥在美感之外。到现在，为什么西方在科学和美术、音乐等艺术方面，都做出了杰出的贡献，唯独在饮食方面，除了法国菜颇具名声以外，其他真的很少能端得上台面？我也曾接受一些外国朋友的邀请到他们的家里用餐，出于表示真诚的款待，他们会亲自下厨做饭。首先，他们得打开巨册食谱，翻检将要烹饪的菜色，之后按照书里的规定，用天平称出食盐多少克，肉类多少克，调料多少克，然后放在厨具里。在烹饪的过程中，他们严格按照食谱规定的时间加热，这样的方法，让我感到这些老兄不是在烹调，而是像在实验室里做化学实验。近年来，人们看到不少有关西方论述视觉美和听觉美的文章，看到有关美术家和音乐家的译作，却较少见到西方有关饮食之美的论著。当然，我见识肤浅，但估计在西方，研究饮食之所以为美的书籍不会多。在柏拉图的思想影响下，想必许多西方朋友只把饮食作为生理的需要，他们的烹调和化学实验在做法上没有质的差别，想必他们也不会将味觉从美感方面着眼，在研究上多下功夫。

在我国，古代思想家却早就把味觉视为美感的重要部分。在南朝，钟嵘提出"诗味说"，认为阅读作为文艺作品的诗歌，可以获得味觉般的美感，他在《诗品·序》中指出："五言居文词之要，是众作之有滋味者也。"显然，他把"味"作为文学的审美要求。后来，司空图在《诗品》中也说："辨于味而后可以言诗。"至于味觉所产生的美感，人们则以"味道"来表述。能让人获得美感的饮食，就被认为"好味道""有味道"，否则，则被视为"没味道"。

所谓"道"，来自老子的哲学理念。《道德经》的第21章指出："道之为物，惟恍惟惚。惚兮恍兮，其中有象；恍兮惚兮，其中有物。窈兮冥兮，其中有精；其精甚真，其中有信。"他认为"道"是形而上的存在。至于"味"之道，当然也是存在的，只不过它是"惚兮恍兮"，不容易表达清楚。清代的王士祯，也力图对味觉的审美效应作扼要的解释，他认为"饮食不可无酸咸，而其美常在酸咸之外"（《蚕尾续集·序》）。这就是说：所谓"味道"，是指食品有"味外味"，它是酸咸等五味作用于味蕾的客观存在，同时由于不同的味的交融，便能产生"味外之味"那样"恍兮惚兮"的感知。其实，所谓"味道"和"味外味"，正是不同的食材经过加热，让不同的化学物质相互交融变化，并通过人的味蕾刺激其大脑皮质细胞，从而引起的主观上的感受。由于不同的人，亦即不同的审美主体，其大脑皮质细胞有不同的基因，味觉的审美过程也会有所不同，从而呈现为有所不同的主观能动性。因此，对味觉美感认知的过程和强度，也就有所不同。当味蕾刺激大脑皮质细胞，产生具有主观性的不可言喻的美感时，这就是味之"道"，就是味外之味。在我国哲学的话语中，这种生理和心理呈现交感作用的状态，被称之为"悟"。它是人在特定情况下刹那间产生的灵感。所谓"味外味"，无非是经过人的咀嚼，大脑皮质细胞的味觉被激化后出现了"悟"的灵感。根据最近物理学家的发现，在微观世界中，有所谓"量子纠缠"现象。它是存在的，而人的视觉是无法观察到的。那么，在人的大脑微观世界中，会不会同样有"量子纠缠"的存在？如果有，这不就是味觉作为美感存在的客观根据吗？

至于如何通过文字概括粤菜的风格和品位，如何让读者感受到难以言喻的粤菜独具的美感，更是很难措手的问题。如果赵利平君没有经营管理饮食行业的丰富经验，没有经历过长期从事文艺评论工作的体会，没有把二者融会贯通，那么，这部《大粤菜》，就不能写得如此精辟，如此动人！

"食在广州"，饮食，是广州和岭南的亮丽名片，也是中华文化优良传统的重要方面。近年来，大粤菜系的菜式，在传统的基础上开拓创新，不断进步。有意思的是，对粤菜问题，广州的学者也从各方面作出深入的研究，近两年，陆续出版了多种有关粤菜的著作。有学者从典籍爬梳粤菜的发展，作出细致深刻的稽考；有学者根据科学、营养学和食品工程学等原理，分析粤菜为什么会产生不同的滋味；赵利平君的《大粤菜》，则从文化品格方面，对粤菜的美感作出理论性和文艺性相结合的精彩阐述。这一本本对粤菜进行研究的论著，珠玉纷呈，气象恢宏，进一步擦亮了"食在广州"的名片，在弘扬中华文化方面放出了异彩。

以上，是我拜读《大粤菜》后拉拉杂杂的感受，不当之处，望识者指正。

黄天骥

中山大学中文系教授、博士生导师，国家古籍整理出版规划小组成员，
全国高校古籍整理研究委员会委员，中国戏曲学会副会长

序二　史心文魂书粤菜

对于自己身浸其中的川菜，20年来我认真研学，有些粗浅的知识和思考，但对于中国其他几大菜系，特别是融西汇中、自成大派的粤菜，就连吃都没有吃多少，更说不上有所认知。用了一个多月把《大粤菜》细读下来，真有一点刘姥姥进了大观园、穷叫花子狂吃了一台饕餮盛宴的感觉。粤菜的浩大丰盛与精深独特，如山似海，令我高山仰止，临海幸甚。

研学川菜这些年，也读过几本系统讲述一个菜系的书，也有一些心得和收获，但它们大多或止步于文献史料的堆积，或停留于菜系常识的介绍。这次《大粤菜》的阅读，频有耳目一新的意外之喜。这部全面、具体、深入地叙写论述整个粤菜的菜系之书，给我的最大感受是：这不仅是一部菜系风味的总述，不仅是一部菜系技艺的详解，不仅是一部菜系历史的展开，更重要的，是一部菜系通天地山海、融民俗人文的文化长卷。

著述者以广府菜、潮汕菜、客家菜三大分支的来历流变与风味特色，构建起大粤菜整体的美食殿堂。书中始终从自然、历史、人群生活的各个向度，既如数家珍，信手拈来，又钩沉发微，尽出精华。宏大到整个菜系的结构与历史形成，具体到一种地方菜品的独特，深微到一个菜肴的烹制和品鉴。此书有大吃家的情趣风范，有技艺细解的匠人之心，有学术研究的深刻严谨，更一以贯之地具有历史观和文化精神。它不仅引领我放眼看到了大粤菜的恢宏博大，也让我仿佛接近了一个伟大菜系的神秘编码。

我曾经遇到过这样一个问题：有几个地方的饮食中人很认真地问我，我们那个省（或者地方），美食也很多，不仅菜式多，而且也很有特色，但为什么我们那儿的菜就不叫菜系，即使自己叫了，也不被承认？的确，现在打出菜系旗号的地方菜越来越多了，要"菜系扩军"的声音也杂响起来，但在研学川菜的过程中，特别是读完这部《大粤菜》之后，我似乎隐约地理解到，一个地方的饮食能够以"菜系"命名，不仅是因为菜品够多，存在或传播的地方够大，还有一个最深层的原因，是这个地方的所有菜式，以经典为核心，构建成一个饮食文化系统。这个系统不仅具有美食价值、烹饪技艺价值、精神性审美价值，而且还融汇连接了这个地方几乎所有的历史、自然与人类生活。更重要的是，这个系统的文化品格，与大民族文化在内层和风格呈现上是贯通相融的。一句话，任何一个大菜系，都是以独特的饮食极为丰富和富有魅力地表现了民族文化的精髓。

粤菜是这样的一个菜系，而《大粤菜》就是为我们揭示出这一文化基因的、具有史心文魂的佳著。

石光华

诗人，川菜文化学者，《舌尖上的中国》《风味人间》美食顾问

粤菜百科全书

洚渊 题

目　录

粤菜传承

大粤菜

章一

粤菜的真正崛起始于明清，于民国以后达到鼎盛。兼容开放而能集大成，使粤菜拥有持久发展的动力，在中国众多菜系中脱颖而出并欣欣向荣。今日之粤菜，融合了广府菜、潮汕菜与客家菜三大菜系，且以广府菜为中心。它根植传统，活化南北，融贯中西，海内外同频共振，更上高峰。

尊重食材的品质，因应食材本质而烹调，并保持其原味本色，是粤菜的精髓与终极追求。

计天下所有之食货，东粤几尽有之；
东粤之所有食货，天下未必尽有之也。
——清·屈大均《广东新语》

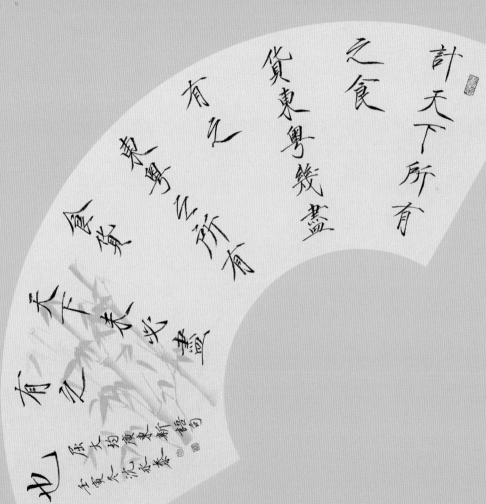

千载渊源

一

粤菜小史

岭南饮食文化得以形成并独树一帜，是因为从一开始便是一种深刻的融合，并以这融合为旗帜。今日之粤菜，实际上是融合了广府菜、潮汕菜与客家菜三大菜系，且以广府菜为中心。在此后的发展路径上，粤菜不拘一格，充分利用岭南丰富的海陆食材，在烹饪技术上"北菜南用、中菜西做"，进而融会贯通，创造出独属于粤地且与时俱进的风味。

兼收并蓄　容纳大千

兼容开放而能集大成，使粤菜能够拥有持久发展的动力，在中国的众多菜系中脱颖而出并欣欣向荣。大粤菜体系之内，广府菜是粤菜的典型，但也包含了珠三角和粤西各自有所不同又相互融汇的小菜系；潮汕菜本是闽粤风味的融合，借助对外贸易走出国门，在食材与风味上兼容了异域风情；客家菜是中原北方菜系南迁之后的产物，既保留了中原的烹饪方式与口味习惯，也完美地利用了当地山野的食材。

广府菜由于其历史悠久，长居府城之地，融合历朝历代南下官家烹饪技法，又得地利之便，融汇南北，吸纳东西，精烹细脍，较为注重程序仪式，具有较明显的官邸文化，故可视为"官府菜"；潮汕菜既源于民间生活需求，又保留了历史上宋朝末代皇帝南逃留下的官臣皇亲等带来的饮食习惯与烹饪技能，加上面朝大海，从商者众，日常生活与商请应酬交错，于是在菜肴的取材用料中既保留了地方风味特色又敢于使用高端食材，体现出浓郁的商帮气息，故可视为"商帮菜"；客家菜则长期成长于山野之间，注重方便快捷与便于保存，食材制作与劳动大众的日常生活息息相关，凸显了民间特色，故可视为"民间菜"。

老广州骑楼

明清以前，虽然宋代文化之繁荣与生活之讲究使人们花在饮食上的工夫比过去更多，粤菜也日趋细腻多样，但无论是"烹"还是"调"，都尚未上升到艺术的高度。也就是说，粤菜在明清已经大进了一步，至民国则迎来了黄金时期。除动荡不安的年代外，当代粤菜根植传统，活化南北，融贯中西，海内外同频共振，应是又上了一个高峰。

一方水土　一方食事

相比于中原饮食文化，粤菜虽然可以追溯到秦汉南越王时期，但独立作为一大菜系，实际上并不能以历史悠久著称。其真正的崛起始于明清，而于民国以后达到鼎盛。但文化绝不仅是纸上的书写，对于生活在岭南大地上的人们而言，饮食文化其实蕴含在日常生活之中，一日三餐，一饭一蔬，文化就这样平静而缓慢地从先人祖辈的餐桌上流淌至今。

或许在古时人们的印象中，岭南是遍布瘴气的"化外之地"，土著越人是蛮夷之族。不可否认的是，先秦时代岭南文化独立于中原而发展，在南岭与珠江的孕育下形成了一方独特的民俗。

在饮食方面，古越人的饮食风俗被称作"杂食"。不避冷腥，嗜好各类野味，如蛇、虫、鼠、鸟、野鹿等，"飞、潜、动、植"无不可食，而其原始、粗放的烹饪加工则保留了食物的本味，食尚自然的习惯深远地影响着此后粤人粤菜的饮食品味。此时的岭南饮食尚未被书写进文字记载的历史中，只是存在于客观的历史时空里，只能从后来的饮食文化面貌中略寻形迹。今天，广东许多地区都保留着吃生冷河鲜、海鲜的食俗，例如顺德鱼生、潮汕生腌，正是由此延续而来。

岭南饮食文化的新篇章，书写于秦代。当秦始皇的兵马一路越过南岭后，秦将任嚣和赵佗征服百越之族，设立了郡县管辖。秦末大乱时，赵佗自立南越王国，岭南由此真正进入了历史文化的视野。

秦代建设的灵渠使南北物产交换畅通，更促进了南北文化的交流，中原与古越人饮食文化的漫长融合也始于此。中原饮食"食不厌精，脍不厌细"的精致食尚，与岭南人追求食材本味、嗜好鲜活生猛的口味习惯融合，逐渐形成了独特的风味。在第二代南越王赵眜的陵墓中出土了禾花雀遗骸，墓中还有铜制烤炉。由此可以推想，当年南越王廷中的厨丞是如何利用岭南丰富的物产大显身手，创造出时至今日仍能令人惊叹的佳肴。

站在南越王墓的宫墙下，遥想当年广州作为府城的辉煌，那千奇百怪的飞禽走兽，精细考究、镂空雕花的青铜炊具，还有各式各样的烹饪技法，便可知"广府菜"之名绝非浪得。以广州这一府城之地为核心，向四周辐射，整个岭南在宫廷、都会与士族文化的影响下，进入了发展的新时期，其饮食文化也由古越人原始粗放的"杂食"逐渐走入了新的境界。广府菜，也就是广州菜，形成了岭南第一个菜系文化，并且因广州的府城地位而发展出"官府菜"的特性——在久远岁月之后的晚清民国之际，广府菜以精雅高格惊艳了世界，其千载余音回响不绝。

汉武帝统一闽越后，留在闽南之地的闽越人向南迁移，与南越人逐渐融合，形成了闽潮民系，今日所谓的"潮汕人"，便由这一民系发展而来。潮汕话与粤语相差甚远，反倒更接近于闽南话。从某种意义上说，潮汕菜也是闽粤交界处诞生的一种融合菜系。

唐朝时的潮州，在唐天宝年间改为潮阳郡之后又改为潮州，潮州文化由此兴起。南宋朝廷因战乱被迫南迁，宫廷与士大夫文化对闽广一带影响深远，潮汕地区的饮食文化便在此时获得了质的飞跃。潮州作为粤东最重要的贸易中心，以潮绣、石雕、木雕、陶瓷等精美的手工艺闻名。而潮州人的精益求精更是体现在日常饮食中，从"工夫菜"到"工夫茶"，无论是同一食材的无限幻化，还是粗料精作，其工艺之精湛、用心之灵巧，实在令人佩服不已。

魏晋时期，北方中原战乱频繁，而在南岭的阻隔庇护下，岭南之地成了一块相对安定的净土，也是不少中原人南迁的落脚之地。在这一漫长的迁徙过程中，形成了一个独特的族群——"客家人"。他们客居异乡，建筑起围屋土楼，在岭南的山野之间扎根绵延。客家菜亦见证着南北饮食、汉越文化的交融，例如客家人思念家乡美味的饺子，便以各种素菜食材代替小麦面皮创造了"酿菜"。

在漫漫历史长河中，客家人族群的形成从一开始就伴随着生存的困境。为避北方、中原地区战乱，人们不得不携家带口背井离乡，

潮汕民居

客家围屋

足迹遍布中国偌大的版图。由于在向南迁徙的途中饱受外侮侵扰，客家人不得不在隐蔽的深山里用双手建造起一座座堡垒般森严的土楼围屋，生老病死、绵延后代皆在这里完成。中国人常说"落叶归根"，客家人久居客土，四海为家，不知归根何处，渐渐以他乡为自乡。而客家菜也就成为南北饮食的交点，并在此后的岁月中独立发展，自成一脉。

因商而盛　因厨而精

粤菜的发展始终与经济贸易密切相关。汉代兴盛起来的海上丝绸之路是对外贸易的重要途径，沿途各地的物产都在岭南中转。作为南方府城重镇的广州同时也是汉代的国际商贸中心，依靠着珠江入海口的交通便利，连通着东南亚各国，各种香料、食材、药材、珍奇珠宝等，天下之货尽聚于此。

唐宋之际，中国的经济中心已逐渐移至江南、岭南之地。此时，中原与岭南的饮食文化融合正在不知不觉中逐步深化。人们常说"南米北面"，粤人往往以稻米为主食，制作出各种各样的米制品。广州的沙河粉、布拉肠与濑粉，潮汕的粿与粿条，客家的粄与糍粑、粤西的籺……粤人为米制品创造的名字已是数不胜数。然而，饼类与面食始终在粤菜中有一席之地，广式点心中的竹升面、烧卖，客家人的腌面，正是中原食俗的延续。而四川人所说的抄手，也就是北方的馄饨，在传入岭南之后被厨师们改造成云吞。

唐代是中外交流的极盛时期，广州港的对外贸易蓬勃发展，不少外商华侨聚居于此。当时的广州，有不少高鼻深目、金发鬈须的外国人，还有佛教、基督教、伊斯兰教、犹太教等宗教文化。例如，广州是佛教禅宗南派的发祥地，大量的佛教信徒推动着素食馆的形成，以罗汉斋为代表的各类素菜成为粤菜的一部分，例如广东鼎湖山的庆云寺就有一道拿手的"鼎湖上素"，如今在各大粤菜馆中也十分常见。

这些外地传入的美食，不仅被粤菜吸收为重要的组成部分，更成为激发粤菜创新的灵感源泉。此时，以广州为中心的粤菜兼容了中外的饮食特色，博采众长而自成一家，获得了"南食"之盛名，

广州布拉肠

潮汕粿条

客家糍粑

形成了以生猛河鲜、海鲜为主，山野杂食为辅，追求本味、烹饪技法精益求精的饮食文化特质。

明清之际，广州长期作为全国通商的窗口，其经济贸易地位之高前所未有。而粤菜的发展获益于广州的经济腾飞，不仅有着丰富的食材、炊具与先进的烹饪技术，更依靠文化的碰撞不断精进，并且将影响力拓展至港澳、东南亚与全球各地。不少西点的烹饪技术也经由港澳传入广州，例如茶点中著名的蛋挞、菠萝包，以及用来蘸牛肉球的"喼汁"（即一种黑醋），都源于西方，而为粤菜所用。

此时，珠三角地区的士大夫阶层崛起，对饮食之风的塑造起到至关重要的作用。士绅阶层眼中的菜肴已不仅仅是为了满足口腹之欲，而且更加重视饮食中体现出来的品味与文化，他们的书写也让广府菜不断熏染浓厚的文化气质。而广州十三行商人的奢华享受，也掀起了一股饮食消费的奢侈之风。获盛名于广州的"太史家宴"，与在北京声名显赫的"谭家菜"，便是广府菜在晚清民国时期发展的一南一北两面大旗。这两家"家宴"均以善于烹制山珍海味而闻名，食材包括蛇、燕窝、鲍鱼、海参、鱼翅、花胶等，无不奢华名贵。

广式茶楼的衍变也是粤菜发展最好的见证，从贩夫走卒饮茶的"二厘馆"[①]一路发展至精雅的茶楼，如著名的三元楼、陶陶居等，"下二厘馆"逐渐变成了"上茶楼"，茶楼成为文人会客宴请的雅集之地，茶水与点心都有了诸般讲究。在清幽雅致的园林中，品尝极其考验厨师技艺的菜肴点心，成为当时盛行的饮食风尚，亦推动广府饮食文化趋于精致。

民国时期，广州的饮食行业发展兴旺，各大店家相当重视烹饪技艺的提高，并进行招牌菜品的创新，提升行业竞争力。如贵联升的"满汉全席"、大三元的"红烧大群翅"、南园的"红烧鲍片"、文园的"江南百花鸡"、六国的"太爷鸡"、蛇王满的"龙虎斗"、西园的"鼎湖上素"等。各大酒家争奇斗艳，形成了民国时期广州餐饮的黄金时代。二十世纪二三十年代，文园、西园、南园、大三元被誉为"四大酒家"，代表广府饮食名扬海外。

---

① 清咸丰同治年间，一些店家开始用平房作为店铺，用木凳搭架于路边供应茶点，由于茶价仅二厘，又被称为"二厘馆"。

各种茶楼、酒楼不断涌现，广府的饮食文化便有了长足发展的基石。而"食在广州"之所以能成为一句美谈，还得益于民国时期在广州生活的一大批社会名流、文人雅士。他们在从事革命、文艺事业之余，也被这座城市的美食俘获了心，留下了不少与广府饮食有关的文迹墨宝。正可谓：吃，是人之本能；懂吃，能使"饮食"变为"美食"；懂吃且善写，才真正使美食成为一种具有格调和品位的文化。

始创于1880年的陶陶居，是目前广东饮食界历史最悠久的老字号之一。这里曾经是康有为、鲁迅、巴金等人出入的地方，而令人想不到的是，陶陶居如今的牌匾，还是康有为先生的手书。据说，康有为常到陶陶居品茗消遣，当时陶陶居的老板黄静波便请他为酒楼题写招牌。墨漆金字招牌挂起后，陶陶居果然生意更加兴隆。

民国时不少广东人到上海经商，也将精致的粤菜带到了上海。当时的"十里洋场"深受"小资"情调影响，使谈论美食被赋予了更深层的文化意蕴。当时精雅讲究的粤菜广受欢迎，上海谈论粤菜的文字记载甚至多于广州本地，许多粤菜食谱还是通过上海的杂志报纸才得以流传至今。文化与食物彼此成就，粤菜见证了历史的发展，更成为广东一张重要的文化名片，向更远处传播。

此时，不仅广州，整个岭南的饮食文化都在经济的带动下达到了高峰。粤西湛江的烧蚝与白切鸡一度风靡广州，"湛江鸡"的名号叫得十分响亮。而粤东的汕头逐渐崛起，最终取代了潮州成为粤东最大的经济中心，也成为"潮汕菜"这一分支的领军，各种风味小吃、生猛海鲜、卤水菜等广受赞誉，更伴随着潮汕商人走向世界，成为粤菜乃至中餐在海外最具影响力的代表之一。潮汕人每每谈论起家乡的海鲜、小食与工夫茶，那热情洋溢的自豪之情，都会令听者无比神往，仿佛一瞬间也代入他们，成了他们的"交己人"（潮汕话意指"自己人"）。

粤人对食物的口味与追求总是持比较开放的态度，无论是当地的果蔬动植、河鲜海味还是时令山珍，无论是天南地北的诸多食材还是五湖四海的各种烹料，广东人总以汇聚天下的气概容纳之。而且无论是来自哪个省份哪处乡村的地方风味，还是来自哪个国家哪处异域的风情美食，广东人都乐意去尝一尝，去试一试，遇到合乎

老字号茶楼陶陶居

湛江烧蚝

潮汕卤水拼盘

口味的食材和烹饪方法，都毫不掩饰地表现出接纳与热爱，进而或参考或引进或改良到自家的餐桌上。

食物的关系正如人一般，在漫长的时间中，大粤菜之间的三支菜系看似各自分立，但实际上却在不断互相影响，彼此交融，难舍难分。对于当代粤菜，不少厨师默契地以"融合菜""创新菜"为未来的发展方向，这与其说是模糊了粤菜的界线，倒不如说是遵循粤菜融合之本色精神，融百家之长而自成一家，在世界饮食文化的潮流中不断增强自身的生命力与独特性。

粤地食材

俗话说："靠山吃山，靠水吃水。"人们的饮食不得不顺应天然，不少地方的特色吃食，往往都是受自然地域条件的限制而无奈选择的结果，却歪打正着地成就了地方美食。粤人正是基于对粤地丰富的自然风物的热爱，将智慧与生活经验相结合，成就了一道道令世人惊艳的美味。

揽山抱海　水陆俱备

广东由西至东，在湛江、电白、阳江、台山、汕尾等地，有着一望无际的海岸线与滩涂湿地，而珠江作为我国第二大河流，分北江、东江、西江等水系汇入南海，入海口处河网密布，咸淡水的交汇也馈赠给岭南人富足不竭的水产资源。自古以来，粤人便以河鲜、海鲜为主要的食材，相关菜肴成为粤菜中的精华所在。

记得有外地朋友来广州，问起广州哪家酒楼的河鲜、海鲜做得好，本地人一时间竟不知从何答起——广州吃河鲜、海鲜的酒楼简直遍地都是！灵机一动之下，便有人建议道："老广州人多的粤菜馆，河鲜、海鲜做得都不错。"

任何一家生意兴隆的粤菜馆，即使不是以河鲜、海鲜为招牌，菜牌头两页也必然少不了各类河鲜、海鲜的精美大图。或是龙虾、海参、鲍鱼、鱼翅等高端名贵的冰鲜与干货，或是尚在水箱中游动着的生猛水产，总能满足食客的多元需求。在广州的餐厅里，鲮鱼、鲈鱼、石斑鱼、黄花鱼、桂花鱼是常见的鱼类，沙虾、九节虾、花甲、白贝也几乎是必备的。客家地区则以淡水鱼为主，有肉质爽嫩的河鳝鱼、山区大水库养出的鲩鱼、脂香腴美的翘嘴鱼和鲜甜的小河虾等。相比之下，潮汕地区的海产品更为丰富。唐代韩愈来到潮州吃的一顿宴席，便包括了数十种海鲜，这令他惊叹连连，作诗文

粤地水产市场

粤地山货野味

以记载。尤其是最近海的饶平，一年之中各个时令皆有不同的海鲜出产，每天渔船一靠岸，便有大批鱼贩等在岸边进行交易，一箱箱生猛的水产被迅速运往各大酒家，在最短时间内端上餐桌。潮汕菜馆里，巴浪鱼、那哥鱼、红杉鱼、乌鱼、鲳鱼、迪仔鱼、泥鳅、油筷、生蚝、响螺、琵琶虾、小刀蛏……光是海鲜名牌便已经排开一溜儿，绝对能让外地食客大开眼界，也大饱口福。

粤地不仅临海，也多山区丘陵，尤其是粤北一带南岭蜿蜒，盛产各种野味。如今的粤菜也在一定程度上继承了古越人烹饪野味的食俗。最早记载越人吃蛇肉的是《淮南子》里的"越人得髯蛇，以为上肴，中国得而弃之无用"，便说明了越人食俗之独异。后据《清稗类钞》记载："粤东①食品，颇有异于各省者，如犬、田鼠、蛇、蜈蚣、蛤、蚧、蝉、蝗、龙虱、禾虫是也。"

焖竹鼠、炸蜂蛹、烧斑鸠、焗禾虫、灼沙虫、炖蛇羹……都是过去岭南餐桌上的野味菜肴。对于古时候的粤人而言，食用野味首先是解决生存所需，不得不运用智慧将各种物产资源处理成食物，进而创造出诸多美味佳肴。如今，随着保护野生动物的理念深入人心，野味逐渐在广东销声匿迹，但那份"拼死吃河豚"的勇气，却使粤人获得了感受独特滋味的机会，也赋予了粤菜创新的活力。

"无鸡不成宴""无鹅不旁派"

除却山中野味，粤人日常饮食中更至关重要的则是家禽类的鸡与鹅。

广东人常说"无鸡不成宴"。杀鸡宴客，是重要礼节的必备环节。而广东人对鸡类肴馔的讲究，首先便从粤地出产的优质鸡种开始，讲究的老广食客对鸡肉本身的品质有着近乎苛刻的要求。肇庆封开杏花鸡、信宜怀乡鸡、清远麻鸡和惠州胡须鸡，并称为"广东四大名鸡"。

眼力好的老广光是看鸡的毛色与脚爪，就能够分辨鸡的品质和种类。最经典的白切鸡通常选用清远麻鸡，而正宗的清远麻鸡有着

---

① 粤东，即广东地区。

白切鸡

潮汕卤水鹅

"三黄"（嘴黄、皮黄、脚黄）的特征，吃谷虫、饮山泉水。鸡爪骨骼感强，节节分明，趾甲锋利，是散养的"走地鸡"的特征。选用这种鸡制作白切鸡，肉质嫩滑而紧实，其味鲜甜无腥臊，鸡皮光滑亮泽而爽劲弹牙，鸡油晶莹而不腻，皮、骨、肉之间粘连紧密。对于鸡而言，"白切"的做法既是考验也是礼赞——是不是好鸡，只要做成"白切"一尝便知。

除了"无鸡不成宴"，广东人其实还有"无鹅不旁派"之说，也就是说请客没有鹅肉便会显得不够排面。广东不光有四大名鸡，还有四大名鹅，分别是汕头狮头鹅、清远乌鬃鹅、开平马岗鹅和阳江黄鬃鹅。

论鹅肉，首先得谈谈潮汕卤水鹅。狮头鹅是澄海特产，也是制作潮汕卤鹅的原料。这种鹅体形巨大，一只重达三十斤，是世界上最大的鹅品种，有"世界鹅王"的美誉。别看这种鹅体格庞大便以为它笨拙，早些年，潮汕人家会豢养狮头鹅看门，其功力甚至比田园犬更胜一筹，飞奔起来可是速度惊人呢！在潮汕乡下常出现大鹅大展双翅追撵外人的场面，使人在捧腹大笑之余，也对这餐桌上的美味多了一份敬畏。澄海籍作家秦牧先生曾在《鹅阵》一文中描述家乡风俗"从前摆酒席时鹅肉总是第一道菜"，而见惯了家乡的狮头鹅之后，他觉得其他地方的鹅看起来都不够分量。

而在广州附近，汁水饱满、外皮香脆的深井烧鹅是食客们的最爱；粤西风味的白切鹅则更适合忠实的"鹅肉党"，鹅肉紧致，略带鹅膻味，能让人吃到肉的原汁原味；粤北南雄的"梅岭鹅王"，则是广东少有的香辣滋味，即使是川湘来的朋友也能被辣得找不着北；客家人的传统菜肴鹅醋钵则选用乌鬃鹅，将鹅血与鹅肉一同烹制，味道独特。

一蔬一果 人间珍味

广东人有个默契的习惯，那便是每顿正餐都要见到蔬菜的身影，且最好是绿油油的、嫩嫩的叶菜。相比起中国其他地方，广东受益于温暖湿润的气候，能够种植的蔬菜品种尤其丰富，客家山区遍地生长的苦麦菜、开平的矮脚奶白菜、揭阳红脚芥蓝等，都是岭南特产的优质菜品。

最受广州人偏爱的当属菜心,其也被誉为"岭南第一蔬"。菜心学名"菜薹",品种多样,按照茎叶的颜色大略可分为绿、白、紫三种。相比起湖南人、湖北人常吃的白菜薹与紫菜薹(又称红菜薹),广东人尤其喜好翠绿的菜薹,并且称之为"菜心"。要是有人在广东的菜市场说要买菜薹,恐怕档主便不知为何物。

俗话说"冬至到,菜心甜",说的是上市时间较晚的"迟菜心",这是广州增城特产的一种高脚菜心,是最风靡广东的蔬菜之一。这种菜心立冬前后种下,正好冬至前后便可采摘,并从增城冷鲜运送至广东各地。天气越冷,菜心越甜嫩。清宣统时期,《增城县志》中亦有对迟菜心的记载,赞称迟菜心"心最美,为蔬品之冠"。

记得有朋友到外地求学多年,回到广州的第一餐便选在了茶楼喝早茶。她急急忙忙地坐下,气都没喘匀便道:"快帮我点份菜心!"原来,在广东三日之内少不了一顿的菜心,在外地竟是如此难得一见。在广州,不仅有上汤、白灼、蒜蓉炒菜心等做法,就连肠粉、煲仔饭,甚至港式茶餐厅里的"碟头饭",都会用两根烫熟的菜心做配菜,可见菜心在珠三角人生活中的重要程度。

而潮汕地区出产的蔬菜一般更纤小鲜嫩,如潮汕通菜与潮汕小白菜,幼滑甘鲜;潮汕芥蓝,爽嫩清香,别具风味。绿如翡翠的番薯叶软滑鲜美,以它做成的汤羹据说还曾被宋末逃亡的皇帝赵昺大加赞赏,称为"护国菜"。

除了常见的种植蔬菜,岭南山间的野菜更是种类繁多,而广东人向来注重养生,认为野菜有不错的药用价值,便想方设法将它们端上了餐桌。粤西一带的鸡屎藤可以煮糖水,或者加入糯米制成鸡屎藤饼;鼠曲草又叫清明菜,学名鼠麴草,客家和潮汕地区的人爱用它来做糍粑和米粿(清明粿);味道微酸、口感脆爽、略带黏液的马齿苋,则适合制作成凉菜,夏天吃尤为解暑。其他如苋菜、枸杞叶、益母草、菊花苗、夏枯草、桑叶等,在老广的眼中都有各自的功效,是广东汤水中的重要食材。

岭南地处亚热带,出产的水果更是品质优良、种类丰富,其中荔枝、柑橘、菠萝、香蕉,被誉为"岭南四大佳果"。早在汉代,南海的荔枝与龙眼就成为贡品。广东著名的荔枝品种有肉厚核小的糯

粤地农贸市场

米糍，酸甜得宜的妃子笑，还有表皮略刺但汁水极甜的增城桂味等。而位于中国大陆南端的湛江徐闻，则是中国最大的菠萝生产地，中国 40% 以上的菠萝出自徐闻。

潮汕地区出产的潮州柑是历史悠久的良品，唐初漳州别驾丁儒题咏的诗中就有"蜜取花间液，柑藏树上珍"之赞誉。而新会用柑橘皮晒干制成的陈皮更是当地一宝，是老火汤中重要的调味料。潮汕小街巷里，还随处可见售卖梅汁水果的小摊。色泽鲜艳的新鲜水果稍加冰冻，在桌面上排开，客人用手指点点其中的几种，老板便将它们切块，放入甘草、话梅调制的酸梅汁盆里，搅拌浸润均匀。水果散发出清爽凛冽的香气，轻轻咬下一块，丰盈的汁水便在口中四溢，甘甜微酸。

如今，极具时令性与地方性的水果入馔，构成了粤菜的重要组成部分。广东厨师们倾向最大限度地保持水果的新鲜原味与营养成分，炖、煮、炒、焗、煎、炸、拌，各种做法一应俱全，如荔枝鸡、菠萝咕噜肉、椰子鸡汤、木瓜猪蹄汤、梅子酱烧鹅、酿柚皮、菠萝蜜焗鸭，还有点心中的榴莲酥、椰汁芒果千层糕……水果的加入为菜肴点心增添了丰富多样的风味与营养，果酸带来了清新灵动的气息，果糖还可以达到为肉类提鲜的目的，厨师不必在菜肴中再加入人工糖类或味精，更有利于健康。

粤地食货　俱收并蓄

广州被称为"花城"，即使是秋冬也能花开满城。木棉花具有祛湿功效，既能观赏又可煲汤入药，一花多用，深得务实的老广喜爱。而性喜温热的鸡蛋花在岭南庭院中十分常见，花朵有红白两种，花心米黄，散发着类似茉莉的清香，是广东著名的凉茶五花茶中的五花之一。金银花、菊花、槐花、木棉花和鸡蛋花是常见的五花茶配方。其中菊花不仅常被老广用来煮凉茶，更是蛇羹、鱼云羹、捞起鱼生等菜肴中必要的点睛之笔，有提味增香之妙。光听名字就让人为之一振的霸王花，虽然颜值不高，但同样是老火汤中常用的一味食材。

除了在饮食中利用花卉的药性，粤人还将花卉的美感移用至菜

五花茶

肴的摆盘与品菜的环境中，体现了崇尚自然的审美观，更使粤菜具备了走向高端创新菜的潜能，在当代餐饮的竞争与发展中展现出源源活力与十足后劲。

粤地向来重商，尤其明清之后，商品经济的发展深刻地影响了当地的饮食文化。广东潮阳、东莞等地广种甘蔗，与当地制糖业的发展密不可分，岭南出产的上佳蔗糖、红糖，为粤菜中不少以糖提鲜或酸甜口的菜肴，以及大量茶楼的点心甜品制作，提供了充足的糖源。

此外，明清以降的珠三角地区，尤其以顺德、增城、番禺等地为代表，大力发展基塘农业。广东人利用了岭南水乡泽国的地理优势，在水稻种植的基础上，增加了水生植物（如"泮塘五秀"之茭白、马蹄、莲藕、茨菇与菱角）的产量。而东莞、顺德的果基鱼塘则增加了香蕉的产量。水塘里还可养殖水产，塘边可放养鸭、鹅，番禺出产的鸭子就很适宜制成广式腊鸭，其味道咸鲜香口，肉质饱满。

茶树同样是岭南丘陵地带的重要经济作物，潮州凤凰山的凤凰单丛、饶平的岭头单丛、英德市的英红、沿溪山的白毛尖、梅州西岩的乌龙、罗浮山的甜茶……人们上茶楼喝早茶，必须配上一壶香茗，才更能凸显茶点的美味。潮汕人更是每日离不开几泡工夫茶，日常生活的艺术尽在于此。

借助长期发达的商贸，广东可谓是"近水楼台先得月"，丰富的外来食材，为粤菜的当代创新赋能。明末清初学者屈大均曾在《广东新语》中形容"计天下所有之食货，东粤几尽有之；东粤之所有食货，天下未必尽有之也"，可知广东外来食材之多。粤菜中常用的几味调味食材，如胡椒猪肚中的胡椒、潮汕卤水中的肉桂等，都是舶来品。从朝鲜、日本等地也输入了大量食材药材，如高丽参、茯苓、甘草，成为粤港人煲汤的重要原料；从东南亚菜中引入的姜黄、香茅、金不换、马拉盏与沙茶酱等调味酱料，也对潮汕风味影响深远。

粤味寻真

世界菜系之味，大体可以分为清鲜与浓醇两脉，粤菜是清鲜之典型，以原味本色为终极追求。粤菜主要分为广府菜、潮汕菜和客家菜三支，此外，还有顺德菜、中山菜、东莞菜、湛江菜等分类，各地方菜之间既相融合又有所差异。看似繁复多变，但实际上最终都殊途同归，着眼于食材本身的质与味。尊重食材的品质，并因应食材本质而烹调，这才是粤菜的精髓。

清鲜味永　余韵悠长

广东的春夏季炎热且雨水多，在这很长的一段时间里，人们都要与"湿热"二字作斗争。因此在广州，饮食的口味足够清淡，任何铺满厚重酱料或过分油腻的菜肴，都很容易让人提不起兴致，或者吃完之后感觉口舌不舒爽。可以说，粤菜厨师的调味深知"少即是多"的精神。

广府菜讲求清、鲜、爽、嫩、滑、香，其中清、鲜当头。广府的上汤菜肴虽讲究复合味，但多重滋味的融合并以清淡的质感呈现，绝不让人感到浓郁浊喉，而是汤清味浓。而香味与"镬气"则是一道菜肴最外层的味型，为食材增光添彩，也带来嗅觉上的诱惑，但食物入口之后仍能让人尝到其突出的本味。所谓"人淡意长，味淡香浓"，也即是说，人心中淡泊更能体会意味之深长，食物清淡则更易品出其本味本色——这便是粤人崇尚清鲜淡雅的哲理。

潮汕菜走的也是清淡鲜美的路数，主要依靠的是食材的鲜活与调味的淡雅和谐。相比起广府菜，潮汕菜总体口味更为清淡，就连煲汤时也要求汤的表面不见油网。在烹制卤水时，潮汕人则会使用十数种香料，如八角、大料、南姜、茴香、草果、豆蔻等，以达到"和味"的平衡状态。一罐陈年的潮汕老卤堪称"传家宝"，只要保

潮汕地区常配于牛肉火锅的各种酱料

存得当便可反复使用，历久弥香。

　　"食在广州，味在潮汕"之说享誉海内外，潮汕菜讲究"一菜一酱"。潮汕菜酱料风味千变万化，具有很强的独立边界。徽菜、鲁菜等菜系中的酱汁往往直接紧裹着食物，一碟菜中浓郁的酱色便夺人眼球。而潮汕菜则是酱菜分离，几乎每道菜都有自己专属的搭档——常配于牛肉火锅提味的沙茶酱，以花生、芝麻、鱼、虾米、椰丝、大蒜、葱、姜、辣椒、丁香、陈皮、胡椒粉等果仁香料加油盐熬制而成，口味独特而香醇；常被用来搭配鱼饭和各种清鲜食材的豆酱，用黄豆伴麦粉发酵，加盐水密封曝晒而成，其中普宁豆酱尤为出名；还有普宁炸豆腐蘸韭菜盐水惹味下火，虾枣裹肉点橘油增甘调味，卤鹅配蒜泥醋解腻……不一而足，但却画龙点睛，自成系统，潮味十足。丰富的酱碟与鲜活的食材彼此分离又可合二为一，食客们可以根据自身口味喜好蘸取，巧妙地解决了饮食上众口难调的难题。

　　客家菜则保留了更多中原、北方的食性，在粤菜中稍显咸香浓醇。客家人口味偏咸，也与生活条件差有关——他们居于山林之间，开山垦田已很是辛劳，若是想出趟远门更是少不了跋山涉水，体力消耗大，需要多补充盐分，菜自然偏咸。客家人生活简朴，大鱼大肉只是逢年节时才能享用，因此平日里炒菜下油较重，猪油的肥香一定程度上弥补了油水的不足。客家菜大多主料突出，且同样注重保护食材本味，对"咸、肥、香"的表达可谓是大开大合，直接痛快，正如那一整盆焖全猪、酿三宝或整只盐焗鸡一般一目了然，食材本身的品质与味道，一尝便知。

五滋六味　贵在调和

　　粤菜虽然以清鲜当头，却并非平淡寡味，而是清中求鲜、淡中取味，因此粤菜实际上兼有"五滋"（香、酥、软、肥、浓）与"六味"（酸、甜、苦、辣、咸、鲜）。"五滋"与烹调手法联系密切，而"六味"则主要来自粤菜丰富的调料。

　　粤菜中的酸味既来自粤地丰富的水果，如咕噜肉中的菠萝和酸梅酱中的梅子，也来自广东特产的醋。如著名的小吃"猪脚姜醋"使用的是一种特殊的甜醋。广东人制醋并不局限于单一的酸味，而是加入片糖、八角、茴香等材料熬制，使酸味之中融合着温和的甜香与馥郁的香料味，俨然不同于人们印象中山西陈醋那直截了当的酸。甜醋的酸、甜、香中和平衡，更符合广东人的清淡口味，在炎热漫长的暑夏里，既能解腻提味，又不会对感官造成过于强烈的刺激。

相较于北方，广东人总体来说更喜好的甜味，是一种适中的清甜。粤式腊味相比起川湘的腊味和浙江、云南的火腿，就明显偏甜。客家人的山泉豆腐花也是清甜的，不同于北方加了咸味芡汁的豆腐脑。但不少广东人却很难适应江浙菜肴中的甜味，或许是因为甜度过浓，对老广的嘴来说有些超负荷了吧。而粤菜在调味中加糖，大多时候并不是为了吃甜，而是起到提鲜或上糖色的作用。在制作著名的蜜汁叉烧时，广东人也会刷上麦芽糖（饴糖）炼制的糖胶，使猪肉色泽光亮红润，具有轻微的焦糖香，而这种炼制出来的饴糖胶也不会像熬制的白糖浆那么甜腻。

相比起全国其他地方，广东人尤其喜欢吃"苦"，各种苦味菜在这里大放异彩。广东人家餐桌上常见的蔬菜如苦瓜、苦麦菜、枸杞叶和水东芥菜等，还有客家人的苦笋煲，有着各不相同的苦味。感知苦味的神经主要分布在舌根处，因此苦味不仅本身就不易被人接受，而且从味道的释放到人的感知的回味时间更悠长。人的本性大多好甜畏苦，但广东的孩子却从小便被长辈教育："吃苦味菜可以清热下火啊！"久而久之，这味苦的菜肴倒成了一种家的回忆。

外地朋友来广州，常常会惊讶于广东人对苦味的执念。广东人也称苦瓜为"凉瓜"，每到夏季，岭南气候多暑热湿气，而苦瓜性凉，吃起来清脆爽口，尤其适合清火解毒、消夏去腻。广东人用苦瓜与黄豆、猪龙骨煲汤，或苦瓜炒蛋、肉，更直接的还可以凉拌苦瓜——大概也只有纯正的广东人能承受如此霸道的苦味了吧。或许，苦瓜的苦甘参半正如人生，品出其中真谛的人才懂得欣赏。

粤菜大概是全国菜系中最少涉及辣味的一种了，许多广东朋友一听见辣菜便直摇头。在广东人看来，既然辣味本身是一种痛感，在一定程度上就会麻痹人的味觉，舌尖若不能保持高度的敏感，便不易于品尝食材的新鲜与本味。而广东少有的几种辣椒酱，如客家人的紫金辣椒酱、潮汕的蒜蓉辣椒酱，都以甜、鲜、咸为主，辣度适中，辣味主要是起到提鲜的辅助作用。

蜜汁烧腊

苦瓜黄豆龙骨汤

盐是最纯粹的咸味来源。广东沿海自古以来便有丰富的海盐资源，人们善于运用盐进行烹饪和腌渍。客家菜的调味品不多，尤其依赖盐的使用，如东江盐焗鸡与咸鸡这两道传统美味，在食材上简单到只有盐与鸡，但客家人却能极好地把控盐分，以咸味激发出鸡肉的鲜和咸香。

而用盐进行腌制获得的各种腌菜，既是食物，也被作为粤菜烹饪中重要的调味品。梅菜是客家人共同的故乡味道，主要产自惠州和梅州。据《惠阳志》记载，明朝末期当地开始生产制作梅菜，距今有四百年历史，梅菜曾作为岭南特产进贡皇室。客家人制作梅菜选用的是广东冬芥菜，是一种较硕大的包心芥菜。晒干芥菜水分后，按照一层菜一层盐的顺序铺码，再压上重物，腌制晒干即可。一碗梅菜扣肉，梅菜为五花肉带来咸鲜的风味，自身也吸收了肉中过多的油脂，整道菜肥而不腻，入口即化。

而潮汕人同样深爱腌制食品，过去人们常说“生活过艰苦，日日配咸菜甲（潮汕话，意为跟）菜脯”，便是说生活艰苦的时候，每天吃饭都以菜脯下饭送粥。菜脯就是萝卜干，将白萝卜切成条，白萝卜在盐的作用下变得十分爽脆，咀嚼时那“嘎吱嘎吱”的清脆声音便是证明。潮汕人最好那口陈年的老菜脯，据说要在瓮中封存逾十年之久，还可以加入腊味、虾皮、瑶柱、花生碎等制作成“虾仁菜脯酱”。咸菜则是用芥菜心制作，菜叶咸味较淡，而菜帮子则吸收了更多盐分，口感清脆，咸中带甜。潮汕橄榄菜则取当地盛产的橄榄，反复煸炒出橄榄油，加入老咸菜叶进行腌渍，色泽乌亮而油香浓醇，用来配炒素菜或佐白粥这类原本清淡的餐食最宜，尤其病后口苦时食用，更令人胃口大开。

在粤西阳江，用黑豆或黄豆腌制的豆豉同样是烹饪时常用的调味品。豆豉在古代被称为“幽菽”或“嗜”，它的制作历史十分悠久，最早见于汉代，而广东主要在明清之后大量生产，并销售到海内外。上好的豆豉散发着独特的香味，口感绵密松软，烹饪时只需撒入一小把，整盘菜都会变得余味悠长。粤菜中常见用豆豉蒸鱼或排骨，也可用它烹饪各类家常小炒，香酥无骨的豆豉鲮鱼罐头更是广东名产。

说及此处，便不得不谈广东人最惯用的酱油。它也是用大豆酿

梅县菜干扣土猪肉

虾仁菜脯酱

造的调味品，两广地区的人通常将酱油称作"豉油"，并且为豉油进行了分类：酿造好的豉油原液可以分三次抽取，分别名为头抽、生抽和老抽。头抽香味最浓、鲜味最足、咸度最低，广州人往往用来直接搭配最心爱的食物，例如肠粉，或者白灼河鲜等，头抽在衬托食材原汁原味的基础上能够提鲜增香；生抽在日常炒菜中扮演着更重要的角色，咸度适中，兼有香甜鲜，能与绝大多数食材相融；老抽是在生抽的基础上进行再加工，质地浓稠，酱色深，咸度高，老广多用于食物上色，小半勺的老抽，就能让整碟干炒牛河容光焕发，每一根都诱人无比。当然，喜好清淡的广州人还是更偏好前两者。

相比起盐的咸味，豉油的妙处就在于以大豆或黑豆为主材料进行发酵，其中的鲜味能够为菜肴带来更丰富的滋味，也能够更巧妙地激发出海鲜、蔬菜本身的鲜甜，食材与调味品之间相得益彰，谁也不会夺走对方的精彩。

广东少有浓郁酱料，柱候酱可以算其一。柱候酱相传是由佛山厨师梁柱候创制，为佛山特产之一。这种酱料属于再制品，利用制作豉油的副产品面豉，加入瑶柱、虾米等海味，与蒜蓉、猪油等食材一起熬制，豉香而鲜味浓醇，色泽红褐而细腻滑润。这种酱料尤其适用于烹饪各种禽畜肉，在保持肉质鲜嫩的同时，咸鲜味能够压制住肉本身的膻腥，香浓入味却不厚重油腻。

除了吃食材本身的新鲜，广东人还创造了不少以鲜味为主的调味品，在食材本身的鲜之上更进一层，鲜上加鲜。

蚝油，是广东沿海地区特产的调味品，赋予了菜肴来自海洋的新鲜气息。蚝油以生蚝为原料熬制而成，呈半流体状的浓稠质感，深棕色，半透明。其中鲜与甜味尤其明显，与素菜搭配时能补充荤味，清而不寡淡，如"蚝油生菜""蚝油豆腐"；与海鲜搭配时，多种鲜味可以相互促进，如谭家菜中的"蚝油鲍脯"，还有中山菜中的"蚝油乳鸽"。

鱼露则是以小鱼虾为原料，经腌渍、发酵、熬炼后得到的一种味道极为鲜美的汁液，呈晶莹的琥珀色，味道偏咸，带有浓郁的海鲜味。在潮汕，鱼露的绝佳搭配是蚝仔烙。潮汕人将鱼露称为"腥汤"，旧时主妇常让儿童拿碗或旧瓶到市场杂咸铺打腥汤，也有小

蚝油生菜

搭配蚝仔烙的鱼露

贩推车沿街叫卖。外地人因不常吃海鲜、不常闻海味，或许会觉得鱼露的腥气太重，不易接受。

尽管粤菜众多的调味品创造了酸、甜、苦、辣、咸、鲜六味，但在烹饪中，粤人并不喜欢浓油赤酱，而更偏好运用新鲜自然的调料香料，通常只用姜、葱、蒜作为料头，为各类河鲜、海鲜去腥，而不会掩盖其鲜味。

粤菜中有几种常用的姜：生姜、小黄姜、沙姜以及潮汕特有的南姜（也被称为"潮州姜"）。这些姜味道各异，在调味时也有不同作用。做清蒸类菜肴时，用生姜垫底为鱼肉去腥，起锅后还可以铺些新鲜小葱与香菜，用一勺热油激出鱼的香气，使鱼本身的鲜味得到极大的保留。客家人制作砂煲菜时，则会放入大量小黄姜垫底，这种姜味道辛辣中带着甜香，在滚烫的砂煲中释放，能够为主食材增香，且焗熟之后口感微绵糯，本身也极美味。而湛江人烹饪白切湛江鸡时，则喜好配沙姜葱油。不同于生姜的蛮辣劲道，沙姜有一股独特香气，类似于清爽的樟脑，并不适合于猪肉，却是鸡、鱼肉和内脏的绝配。而且干沙姜与鲜沙姜也有区别，一般说来，干品回味更足，新鲜的则带有少许水汽，在烹饪过程中尤其要注意食材搭配和火候。而潮汕的南姜味道不那么辛辣，却有独特的植物香气，是潮汕卤水的"秘密武器"，能够为鸭、鹅这类膻味较重的禽肉矫味增香，可以说，没有南姜的潮汕卤水难称得上地道。

这些新鲜的调料香料与其他调味品，共同构成了粤菜丰富的六味。虽然粤菜以清鲜为主，但一味的清淡便走向了寡淡，会让人怀疑是厨师技艺不高的托词，而粤菜实则是利用调味品与食材进行搭配，这种智慧，更彰显了粤菜清鲜当头、追求本色的理念。

吾谓饮食之道，脍不如肉，肉不如蔬，亦以其渐近自然也。

——清·李渔《闲情偶赋·饮馔部》

吾謂飲食之道，膾不如肉肉不如蔬亦以其漸近自然也句出李漁閒情偶賦飲饌部

壬寅冬
沈永泰

食亦有道

烹饪之道

粤菜的烹饪技法博大精深，兼容中西。从唐代形成"南食"菜系风格以来，至民国时期，粤菜已发展出蒸、灼、浸、卤、焖、煲、烩、羹、烧、烤、焗、煎、炸、炒等数十种烹饪方法，而各种方法之内也有不同的小类，如煎便有干煎、软煎、煎酿、蛋煎等，一应俱全。

水烹火攻　神乎其技

按照专业的分类，烹饪技法可以分为：汽烹法（如蒸、炖等）、水烹法（如灼、浸、卤、焖、煲、烩、羹等）、油烹法（如煎、炸、炒等）、火烹法（如烧、烤等）和气烹法（如焗）。而粤菜中，厨师往往根据食材的不同特性，采取相宜的烹饪技法，创造出独特的地方风味。

为了更好地保持食材本味，粤菜中常常运用汽烹法。放眼世界，汽烹法本就是中国烹饪的一大特色，自数千年以前，中华民族的先人创造出最早的蒸具——甗、鬲、甑之后，那热腾腾的蒸汽便成了多少人心中温暖的家乡记忆。

地方蒸菜大都有各自偏好的食材和口味：湖北沔阳（今仙桃）的"三蒸九扣十大碗"讲究"滚、淡、烂"；云南的汽锅鸡依靠独特的炊具，用水汽成就了汤鲜肉嫩；湖南浏阳的小碗蒸则主要是各种烟熏腊味，即使是蒸菜也重油重辣；江苏常熟的蒸菜，上桌前要淋上浓浓的高汤或鲜鸡血，清润而不失浓郁……

相较之下，粤菜中的"汽烹"最讲究的是清、淡、鲜。"清蒸"是最主要的一种，似乎是为广东人烹饪品种多样的水产而度身打造的。广府人讲究的"清鲜爽嫩滑香"之道，尽显于此。

正所谓"细节决定成败"，一道看似简单的清蒸鱼，实则有诸多讲究。首先是现宰现烹，从水池里捞起的生猛活鱼才有资格清蒸。

鱼被清洗之后要在身上改刀，不仅保持鱼身完整的美观，还使肉尽快同时熟成。更关键的是，厨师得根据鱼的肉质、体形来判断烹饪时间，掐着秒表关火，再利用锅中蒸汽熟透。如此一来，鱼肉中的鲜味便能得到最大程度的保护，同时，适量的水汽充盈鱼肉，使之口感嫩滑无比。清蒸鱼只以姜葱等少量料头用作去腥，出锅后淋上些许生抽和热油即可，并不需要过多的调味品，这是老广对食物的最高礼赞。

正如古人所言："上善若水，水利万物而不争。"水能容万物，而岭南这水乡泽国养育出的人，品性上也如水一般包容，在烹饪中亦是如此。带汤汁的菜蕴含着更丰富的滋味：食材本身含着汤水，滑口柔顺；汤汁中融合了各种食材之味，鲜美滋润。

粤菜中的水烹法则演绎出更多样态。"飞水"是指将食材在沸水中掠过并迅速捞起，用以去除野味中的腥臊膻气，或某些蔬菜中的臭青味和涩味，此时食材仅熟，某种意义上是为后续的烹饪做准备。"灼"则是使用沸水将食物直接烫熟，无需再进行其他烹饪，只需要配上酱碟调料即可，能极大地保持食材本身的口感，如白灼虾的爽口弹牙、白灼菜心的脆嫩。

"浸"是粤菜中较特别的烹法，需要精准地掌控水温，即水处于将沸状态，行内称"虾眼水"。所谓"白切"其实就是"浸"的一种做法，用冰水和虾眼水反复浸泡食材，需要足够的耐心才可成就美味。而为防止慢浸的过程中过多水分渗入食材，影响其本味，厨师往往会将鸡整只浸熟后斩件。而潮汕卤水也是"浸"的一种，不过所用的是香料和调味丰富的卤水。耐心等待，精心搭配好的味道以水为媒介，缓慢地渗透进食材中，便获得了清爽又滋味丰满的食物。

"滚粥"也是水烹法的形式。在广州西关泮塘（今荔湾区），原本住着一群"舟楫为家，捕鱼为业"的疍家人。从一日三餐的日常到婚丧嫁娶等人生大事，疍家人都在一条不算宽敞但生活必需品应有尽有的渔船上度过。他们捕捞的河鲜、海鲜为生活在岸上的人们提供了源源不断的食材，也形成了独特的疍家饮食文化。广州著名的"荔湾艇仔粥"便是疍民们的创造，他们将现捞的各种鲜活水产洗净之后放入滚沸的白粥中，新鲜鱼片、虾蟹螺贝、海蜇等原本就极易熟成，用这样简单的烹饪方式最能保证河鲜原生的滋味与口感。

岭南特色蒸桂鱼

白灼虾

当然，老火汤、潮汕卤水与其他各类汤羹菜肴同属于水烹法，但其中的汤水被赋予了更丰富的味道，食材与汤汁相得益彰，在食物本味之上，能够为食客带来更惊喜的味觉体验。用小火慢慢熬制的高汤，利用高温而不沸的热水引出食材之味，汤却能保持清澈透亮，上可烹制鲍参翅肚等名贵食材，下可与普通蔬菜结伴。那看似清澈如水的汤，品尝起来却是饱满的鲜味，凝结着古今多少粤菜厨师的智慧与经验。

自从人类学会钻木取火，并以火烹调食物，文明便向前跨了一大步。粤菜之中除了清鲜的汤水，更有极具烟火气的烹饪方法，如广式烧腊中的"烧"、各类小炒、"啫啫煲"与煲仔饭，以及客家人的砂煲"焗"等。

以火为介质直接进行烹调，火候是关键。粤菜有烹重于调之说。能够根据食材性质精准掌控火候，创造出不同的质感与滋味，是烹饪技法高超的证明。早在北魏农学家贾思勰所著《齐民要术》中就记载有"炙法"，要求"缓火遥炙"，即用文火慢烤。

宋元之际，南迁的汉人带来了北方的烤鸭。但当时的厨师发现，依照北方的方式直接用明火烤，鸭肉便会十分干身硌口，不符合粤人喜好鲜嫩的口味。且在广东的湿热气候下，未经腌制直接烤熟的烧味容易变质，也容易上火，更不符合粤人的养生习惯。于是，厨师们便进行改造，仅在鸭的尾部开一小口掏出内脏，塞入酱料进行腌制。这样一来，外表的皮变得香脆，而其中的肉原本紧实的纤维一定程度上被松化，吸收了用于腌制的料汁，一口咬下去只觉得汁水在口中四溢。这可谓是粤菜的一大创举，而后发展出的广式烧味便是以"香、松、软、肥、浓"而闻名——表皮香脆，肉质松软，油脂丰盈，滋味鲜浓，俨然从原生的烤炙法脱胎换骨了。

在广州老城区或大市场里，总能找到一些亮着暖黄灯光、人头攒动的烧味铺，挂在橱窗上的"烧味之家"从大到小地排列着，鸡、鸭、鹅、鸽子、五花腩……各种肉的口感与特质不同，无论是火候还是具体的烧制细节，都需要因材而烹。厨师们的精心调理，成就了"鲜而不俗，脆而不焦，肥而不腻，香而不厌"之妙，也难怪老广们宁愿起个大早，上烧腊铺排队呢！

荔湾艇仔粥

广东烧鸭

烧味铺

在广州，一种色香味俱全的食物深受人们喜爱，它有个十分讨喜的名字——"啫啫煲"。严格来说，粤菜中的"啫啫"其实是"焗"（音同"屈"）的改良。"焗"是利用热气为食物增香的烹饪法，而"啫啫"则是在此基础上增加油的用量，热油与热气一起作用，令食物兼有焦香与香料的滋味。

最早发明啫啫煲的应当是20世纪40年代白云山脚下一家名为梁孟记的大排档，它以焗法烹鸡闻名。有一年冬天，广州反常地低温，厨师为保温食物，尝试将瓦煲烧得更热，加入更多猪油，并用红葱头、姜块、大蒜垫底，隔开食物与瓦煲，防止粘连。鸡肉在高温下快速熟成，表面微黄焦香，而肉质仍旧嫩滑爽口，肉汁仿佛被热油快速"封印"住，吃起来汁多鲜美。因为热油在瓦煲中"啫啫"作响，便以此得名了。

如今粤菜馆中，往往会将瓦煲连盖端上桌，为的就是充分调动食客们的感官，生动地感受一下"啫啫"的魅力。那香气与声响沿路飘散，令其他桌的顾客都忍不住观望，老板的小心机便得逞了。

正所谓"原味受香称焗，腌味致熟道焗"，焗法将新鲜食物直接放入密闭的煲中，受料头香气而熟；焗则是先腌制食物，再转入密闭的烹饪环境之中。仅用气进行烹饪的焗，是地地道道的粤菜烹法，尤其在客家菜中撑起了半边天。东江盐焗鸡据说最早创于300年前的惠阳盐场，起初只是用盐堆腌鸡，使之能够保存更长时间，后来其传入酒家食肆，便发展成用炒热的粗盐将鸡焗熟，这样一来就变成了现烹现吃，在鲜嫩之道上自然远胜于腌制肉品。

广府菜中，各类新鲜食材的小炒也是重要的组成部分。相比起烧烤焗焗，小炒显得更平易近人，家常菜中便常见它的身影。炒，也是油温与火候的艺术。大多数粤人喜好爽嫩的口感，如蔬菜的清脆，鱼虾的嫩滑，因此粤式小炒往往采用快速爆炒的方式。食物在刚刚熟的时候便立即离火起锅，保持最佳口感。

为了保持盘中清爽的质感，粤菜厨师摒弃了原本的勾重芡炒法，并且练就了快速颠勺的绝活，前后晃动，上下翻飞，引火入锅，后厨俨然一场精彩纷呈的演出。

民国时期，为了更好地适应这种烹饪技能，粤厨改造出双耳的

嗜嗜鸡煲

东江盐焗鸡

镬。食物与热镬不断快速地接触、离开、再接触、再离开，无需裹上厚重的粉芡，以免焦糊，在快速烹熟的同时焦化得恰到好处，香气十足。

运肘风生　随刀雪落

一道佳肴形状、味道和质感的形成，不仅有赖于调味、火候与烹制手法等，也要依靠精湛的刀工。刀工不仅塑造了食材原料的形状，也在很大程度上决定了食材的烹调效果。粤菜烹饪中，刀工向来倍受重视，以刀工闻名的佳肴也不在少数，有些菜式更是以刀工作为判定高下的关键，如菊花豆腐、顺德鱼生等。

粤厨中，刀工师傅的地位往往不亚于后镬师傅。广州酒家集团原董事长梁梓程在任厨师时便以刀工过人闻名，他早年曾在广州市的烹饪大赛中与人合作，仅用一分多钟就完成了从宰鸡、拔毛、切肉到炒熟成菜的记录，被传为佳话，刀工之精湛由此可见一斑。

古语云"食不厌精，脍不厌细"，其中"脍"指的是生食肉类，且多指鱼肉。鱼生中将鱼肉切得薄如纸，莹如冰，即是"脍不厌细"。苏轼诗言"运肘风生看斫脍，随刀雪落惊飞缕"，便是形容厨师制作鱼脍的精妙刀工。

吃鱼生是古越人与疍民生食的习俗，如今在顺德，鱼生仍旧广受人们欢迎。不同于日式料理，顺德鱼生大多选取淡水鱼。制作鱼脍，下刀必须又快又准。刀快，宰鱼放血，到鱼脍上桌时，鱼仍保持着鲜活生猛的状态，紧致鲜美；刀准，鱼肉起片薄可透光，大小厚度均匀，用以佐配的蒜、姜、葱也成薄片细丝状，二者合一时更加入味，入口即能品出鱼鲜与酸甜苦辣诸味，兼有麻油、花生油赋予的香滑，回味无穷。

潮汕菜在烹饪上还讲究"粗料精作"。由于潮汕从唐代便深受士大夫文化熏陶，南宋之后更接受了宫廷饮食习惯的影响，在生活上尤其精雅细腻。而且明清以降，由于潮汕地区人多地少，粮食不足，从农业生产到餐食烹饪，不得不细致讲究。就如潮汕名菜护国羹，看这清润鲜滑、宛如翡翠的羹汤，谁能想到食材是普通的番薯叶呢？叶片切得细碎，加入香菇、鸡架、精肉等熬煮的高汤，蒸熟

顺德鱼生

潮汕护国羹

之后滤去沉渣，其中的工序十分繁琐，潮汕人却毫不吝惜这番功夫。又如芋头番薯，潮汕人烹饪它们的方法可谓千变万化，煮甜汤，制作粿品，或磨成粉用来烹调，还可以制作成香滑绵密的福果芋泥，外酥里糯的反沙芋头，或裹上蜜糖浆制成"烧双色"……

粤菜鲜美滋味的背后，深藏着厨师们多少心血。日复一日的高温作业磨炼出厨师高超的烹饪技艺，从刀工、火候，到烹饪手法与炊具，每一样都不可小觑。汤水则蒸灼焖炖，油火则煎炸焗烤，分秒不待，如琢如磨，厨房里仿佛可见人间的千姿百态。

饮食哲学

岭南文化著名学者黄天骥老教授曾称，岭南文化的包容出新恰似一碗及第粥：各种食材都加入粥中，融合创造出一种新事物。准确来说，岭南文化是从宋代之后取得长足发展的。一方面，几次中原人口南迁，使中原文化、古音、习俗、饮食等在广东落地生根；另一方面，自明朝之后，西方的殖民与贸易活动带来了异质文化的碰撞，这便塑造了粤人包容、接受和适应力强且善于变通的秉性。近代以来，黄遵宪倡导"诗界革命"，康梁维新变法，孙中山先生领导辛亥革命，再到改革开放，广东无数次站在了变革浪潮的前端。广东人的个性就是"生猛"，敢饮"头啖汤"，即敢为人先，充满创新的勇气与活力。

包容出新　交融变通

粤菜，源于岭南大地，以其包容创新与精益求精的精神，成为中华饮食文化的重要组成部分，更是跻身世界闻名的菜系之林，独树一帜。在岭南品尝粤菜，你会发现这其中绝不仅仅是口腹之欲与感官上的享受，更包含着自然、人文、哲学等生活之道。交融与变通，正是粤文化的精髓，也是粤菜的生命力之源。这里的每一顿家常美味，每一次亲朋宴聚，每一款佳肴小食，都张扬着人们热爱生活、追求美好、生机勃发的精神状态，正如南岭四季常青的山峦，正如那无时无刻不在滔滔向前的珠江水。

粤菜中，无论是食材选用与搭配，一道菜的味型、口感、摆盘、造型，或是整桌宴席的上菜次序，都讲究变化，层次丰富，富有节奏与韵律感。一盅老火汤常被作为餐前序幕，润口和胃，又有养生功效。冷盘、烧腊则起到垫肚子或下酒的作用，大都是些香口的或调味较出挑的菜肴，能够刺激味蕾，吊人胃口。热菜是至为关键的部分，煎炸高调，汤菜低回，焗烤是重音，小炒则灵动跳跃，彼此交错，犹如交响乐，带给食客绵延不断、惊喜连连的享受。一碟青菜的上台则暗示了饭席即将进入主食单元的节奏，也意味着主菜环节告终。主食则带来最后的饱足，将一顿宴席的韵味无限延伸。若是潮汕人吃席，甜品也是必不可少的，有时还会同时品尝到甜咸两种口味的点心。甜也常带来饱餐之后的另一种满足感。

而广府菜、潮汕菜与客家菜在食材、调料、风味、烹饪方法等各个层面，都在不断相互借鉴与影响，呈现出当代粤菜的融合性与可变性。不同地方偏好的口味与食材有所差异，对同类食材的烹饪调味也不尽相同，各有所长，却能够摒弃成见，拥抱彼此，成就了大粤菜如今的欣欣向荣。

美学意蕴　取法自然

朱光潜先生在《谈美》中用古松的例子讨论过三种生命态度。其一是实用的态度，看到一棵树，想到的是用来架屋或制器；其二是科学的态度，看到一棵树，想到的是科、属、种；其三是美学的态度，看到一棵树，所知觉的，只是一株苍翠劲拔的古松。美食，或也可作如是观。

当代粤菜创造了许多震撼视觉与味觉的佳肴，这一方面是中国传统文化的融入，如对中国书法、绘画等艺术的借鉴，在菜点中体现为果酱绘画及切、拼、摆、塑等各种摆盘技法，创作出山水花鸟等意象，其形状、色泽、意蕴、艺术美感与文化底蕴均相得益彰，呈现出中华文化的魅力。另一方面则来自自然风物，这种美学观深深蕴藏在粤菜之中。冷菜是粤菜烹饪艺术的一个重要组成部分，往往作为宴席菜中的头盘，通常由多种不同风味、不同口感的食物汇集而成，注重色彩、造型与规格。如刺身拼盘以河鲜、海鲜为原料，利用鱼虾肉各异的颜色质感，摆设成景，如诗如画。还有广式象形点心，更是人们与自然的一场灵魂交流。象形也即拟物，粤点师傅借鉴自然风物的种种样态，如佳果荔枝，如泮塘夏荷，令食客尚未动箸便已大饱眼福。又或者在餐桌设计上别出心裁，用花城应季的鲜花装点，或摆上岭南风物的雕塑等。许多粤菜餐厅尤其注

花开富贵刺身拼盘

重用餐环境，如广州酒家文昌路总店将岭南骑楼、满洲窗、雕梁画栋、古榕花卉、小桥流水等各色美景精巧地移入店中，令人恍惚间如入画境。

而粤人的自然美学，也体现在不时不食、顺应时令节气烹饪美食上。举国上下，恐怕没有哪个地方比广东更注重"食养"了吧。开春吃笋与荠菜，清明前后则吃艾草、濑虾，夏季吃苦味菜与冬瓜盅，秋季"秋风起，三蛇肥"，冬季则适宜吃花雕鸡、白萝卜焖羊肉。而且在烹调上，厨师也会应季而变，就算是同一道汤羹，往往春夏季时会隔水蒸或滚汤，使之清爽不厚重；秋冬季则采用煲、炖，汤汁稍加浓郁滋润，让食客感觉口腹温暖。

在广东的日常饮食中，汤不仅是开胃润胃、提升食欲的助推剂，也是不同体质的人适应四时之变、调养身体的养生之道。春要"升补"，夏要"清补"，秋要"平补"，冬要"滋补"。广东人祖祖辈辈都相信，多喝汤水能补身益体，因此，烹制汤品多沿袭历代中医的食疗用方，依着体质状况、生活环境、节气时令等进行食材与药材的搭配，既免去了"是药三分毒"的副作用，又在普通饮食之上多了一分讲究。

这一"药食同源"的观念，也体现在四季不断的凉茶与糖水中。在广州，凉茶是街边随处可见的饮品。由于岭南湿热，人们总容易遇上小感冒、中暑、疔疮肿毒等，虽说不算大病，却也令人十分头疼，凉茶正是老广适应岭南自然环境的智慧结晶。所谓"凉"，指药性上的清凉祛热、消炎解毒作用，而不是温度的冷。一般来说，凉茶热喝可能更有益健康。在广州炎热的夏天，一杯温热的凉茶慢慢下肚，让人微微发点汗，只觉得全身都舒张开来，霎时间心清凉而身轻盈。

客家炖汤

口腹之外　鲜活人生

"物无贵贱，适口者珍"，食物本应无位尊位卑之分，但其功效、稀缺性与人文价值等附加条件，却令日常饮食与菜单序列可排出个先后尊卑来。实际上，花大价钱未必就能吃出大价值，米饭面食价格不高，但却是人们不可或缺的。正常情况下，蔬菜总比鱼、肉便宜，但倘若三餐中常不见蔬菜，将是怎样一种难受与不顺气？蔬菜与肉食各有价值，蔬菜得气，鱼、肉长力；气足了调子高，力大了要宣泄，这些都是人生理与心理上的本能。故饮食需多样均衡、搭配合理，方可身心健康，保证生命的质量与长久。

饮食亦能给人以传承教育，使人的精神更加丰富。纸上的美食虽然有点空中楼阁的感觉，但现实的饮食如不在纸上记载下来，估计也少了时代与时代之间的继承与传播，少了地与地之间、人与人之间的借鉴与沟通，今天的美食也将大为逊色，今天的中国饮食，尤其是博采众长的粤菜将未必有如此彪史辉煌。

美食家之令人羡慕的程度，比起艺术家来也毫不逊色。他们同样具备潇洒、超脱、乐观而追求美好的人生态度。做个纯粹的美食家也不容易，挑剔生活是需要有本事的。但真正的美食家并不想出名，因为他的注意力全集中在自己的味觉里了，对餐桌外的世界常常充耳不闻。而现实中，所谓的美食家大多是兼职，或索性将美食作为业余爱好，饮食不是为了求饱，而是为了解馋。馋比饿更难对付，它是一种瘾，正所谓"养家容易养嘴难，糊口容易解馋难"。可以说，真正的美食家是一些永远不愿意欺骗自己嘴巴的人。

中国人的吃，不仅是满足胃，而且要满足味觉，甚至视觉、嗅觉、听觉诸般感觉。叫得上美食家的尤甚之，不仅要会做，即使不善亲自动手做，也要能说出做的要旨，更要会吃，深谙其味，会调动味蕾与一切的感官，寻求自我满足，达到所能达到的极限。他们既像厨师，又像大夫，还带点匠人或艺术家的气质。对于他们来说，烹饪与饮食不仅是一种工序，更是一门艺术，不仅要擅长创造，还要学会鉴赏。在饮食方面，他们追求的是物质与精神的双重满足。

衣不如新，食不如故。许多儿时的味道与故乡的食物为什么那么令人回味，就是因为怀着感情去吃。只是时代不同，人们常常认新不认旧，所以即使经典的东西也要不时地赋予其新的形式与内涵。尽管我们的饮食文化源远流长，但所谓的传统，更多的是离我们最近的时代中的人们的行为与习惯，特别是饮食方面。所以，所谓烹饪创新，有时也是"旧酒换新瓶"，把经典的东西解构重组，或融入新的原料或其他元素，也会令人似曾相识又有新意，倍觉亲切又耳目一新。

美食既是文献记载中的文化，也是我们舌尖上的切身感受，更是身边的生活体悟，鲜活而灵动。

本书作者作为一个潮汕人，做着广府菜，广尝天下味，追求的又是一种"五味调和百肴香"的境界，怎不是一种五味杂陈呢？故书中所文，过程如是，追求也如是。

廣府菜

大粵菜

章二

一脉驿路自北下，珠江潮水连南海。八方来客，汇于广府。这里集聚了美食的精粹，食材、技艺和情感跨越山海与时空邂逅，自有碰撞与融合。广府菜的烹饪灵魂与匠心之道，也在持续流转中，璨发出新的光华。

凡一物烹成，必需辅佐，要使清者配清，浓者配浓，柔者配柔，刚者配刚，方有和合之妙。
——清·袁枚《随园食单》

凡一物烹成必需辅佐要
使清者配清浓者配浓柔
者配柔刚者配刚方有和
合之妙

袁枚随园食单句
壬寅上冬於羊石鱼乐轩沈永泰

粤宴之美

广府菜

一

有语云:"心之所向,素履以往。"历史对人来说有着说不尽的吸引力。我们总试图从历史的遗留中细细找寻蛛丝马迹,和古人来一场穿越时空的神交。从千载前的南越王朝,到百年前的民国广州,那一段段风云际会的峥嵘岁月,着实令今日的我们心驰神往。而美食的心手相传,正是那条联结古今的路途。

烧醉酒汾肉:追求复合口感的极致

清末民初,中国遭遇外侵内患,大批达官贵人避难南下至广州,同时带来了北方的厨师和美食。据说当时广州城就有"京都风味""姑苏风味""扬州风味"以及西餐美食共存等饮食现象。辛亥革命后,广州这个城市作为"饮食天堂"的地位得到进一步奠定和稳固,烧(烤)食制品也由当时的原"京都风味"正式易帜为"粤式烧烤","烧"与"烤"的界限在广东便日益有所趋同又有所区别。

说起来,很多人会觉得奇怪,广东人所说的"烧",其他菜系则多称为"烤",而其他菜系所称的"烧",则是广东人所说的"炆"。实际上,在粤菜制作的概念中,"烧"与"烤"是一对孪生兄弟,虽然它们本身都是利用木炭(如今也有用电烤炉和用火石烤等改良设备的,以下也同)作为热的来源,其表面上在承受"辐射""传导"及"对流"等方面是稍有差异的,而这"差异"于广东人则往往含糊其词。其实这里最大的差异在于"烤"的形式相对单一,而广东用于"烧"的炉还可以一炉多用,可以烹制"烧鹅""烧鸡"等,还可以烹制"蜜汁叉烧""五香烧肉"之类。

此外,在制作的形式上,广东的"烧"还可分"脆皮烧"和"湿汁烧"两种,"脆皮烧"主要多用于油脂重且有完整表皮的原料并利用炭火传热加工而成，如"麻皮乳猪""脆皮烧鹅"等。"湿汁烧"则主要是将肉料调味或腌制后再利用炭火传热加工而成，如常见的"蜜汁叉烧""烧桂花扎"等。

民国时，广州以及周边地区的烧腊食品颇为流行。商业繁华铸就饮食的繁荣，也构筑起"食在广州"的大平台。当时广府菜的主要烹饪手法，如煎焖烩炖炒等，都是耗时之作，无法适应往来频繁的商贾日常饮食需求。而商宴酬客，宴席入座待菜的一段时间中，也需食物佐兴资谈。因此，广府菜吸取了北方"酒席未开，冷菜铺排"的做法，做前菜供食客酒前充饥填胃。预制食品如"烧""腊"等，就顺理成章地成了重要的前菜部分。粤式餐饮由此形成了特有的"烧腊部"。

随着运作深化，"烧味""卤味""白切"和"盐焗"等形成了粤厨特有的"低柜档"，也称"味部"。于是吊挂的各种烧卤肉食红、黄、白色彩纷呈，既出现于酒楼食肆的"明档"里，又独存于街巷的"烧腊铺"，自成一格，很是好看，形成了岭南饮食的一道风景线。

从民国老菜谱中发掘出来的"烧醉酒汾肉"，就让人对广式"烧腊"的理解上了一个新高度。旧时广州的低柜师傅将烧腊铺剩下的"下脚料"搭配起来，创造了全新的口感，价格亦是翻番。冰肉、鸡肝和瘦叉烧三片相叠，用铁签串起来烧烤，中间会留个小孔，因形似古钱而得名"金钱鸡"。而那时候的官商人家总是不满足于已有的菜肴，不断追求更精细、极致的品质。家厨们对金钱鸡的做法、摆盘、口味精进改良，使其摇身一变，成为宴客重要的前菜。

色泽金澄莹润的一小方，用色彩华丽的签子固定，层层叠叠的视觉效果使人眼前一亮。还未入口，飘溢出的淡淡酒香与烤炙后的浓郁香气就已经令人垂涎三尺。配着烧肉小酌两杯，味蕾被瞬间打开，席间气氛也就在不知不觉中舒展活跃起来。

送入口中，最上层的冰肉带着微微"冰感"，入口即化，泛出甘甜与酒香。中层的鸡肝粉嫩香滑，胡椒味甚是浓郁。底层的叉烧则承担了厚重底味，浓郁的甘鲜萦绕在齿间，肉的纤维充分满足了咀嚼的冲动。突然，嚼碎中间的一丝爽脆，强烈的酸甜辛辣冲出口腔，直达天灵盖，顿时令人精神一振。原来厨师暗藏玄机，用一块

腌制过的子姜片，为这道菜进行了最隐蔽的一次升华。

上层的"腌冰肉"可是广府厨师心传的秘笈。将顶好的白膘肉烫煮之后，用白糖、汾酒腌制，使肥肉呈现出晶莹的半透明状，且入口即化。白糖还能提鲜，加上酒与其他香料，成就了甘香浓郁的滋味。食用这"冰肉"同样需要把握好时间，一旦在常温中放置过久，原本清爽透明的冰肉便会析出油脂，变成半乳白色，还会夹杂着油腻感。为了保持其温度与质感，大厨们可谓煞费苦心。不仅要计算客人到来的时间，还要精准控制从厨房到餐桌的距离。

民国古法的工夫菜毕竟不是人人唾手可得的，但广府人对烧腊的热爱则是历久不变。如今，我们在广州路边的烧腊店温暖明黄的灯光下，隔着透明的玻璃窗，也总能看见一只只油亮的烧鹅、一条条烧肉等被高高挂起，香味四溢，隔着几十米就诱得人挪不动脚步，于傍晚下班回家的行路人而言，实在是一大慰藉。

广式烧腊不仅在广州传承，更是影响了港澳、东南亚等地。在香港电影中常常听见"今晚斩料，加餸"这句台词，就是指去买烧腊回家加菜。周星驰在《食神》里号称"黯然销魂饭"的绝世佳肴，其实就是老广们钟爱的美味——叉烧饭。戳开那鲜亮澄黄的流心蛋，看着蛋液缓缓裹住蜜色烧汁、肥瘦相间的叉烧，无数回忆顿时翻涌而上，仿佛耳边响起那位阿妈的声音："乖仔，好好读书啊，不然生块叉烧都好过生你！"

舌尖的味道让人产生身临其境之感，或穿越千百年的历史，遥想古人；或转身凝视，回到童年记忆深处……食物就是有如此之大的魔力，像是承载着人们丰富想象的小船，能超越一切时空的限制，带人们前往心之所向处。

荔蓉芋角：平常美味考功夫

人们常说，美食无国界。这充分说明了人的口味是相通的。对食物来说，不同阶层的界限，也并非那么分明。一些名贵食材，由于现代养殖业的发展，早已飞入了寻常百姓家。鲍鱼能卖出几元一只的白菜价，平民百姓在日常便有享受的口福。而普通的小吃，经过锤炼与打磨后在高端宴席上亮相，也愈发成为可能；菜肴与点心小吃之间的界限，也在发展中逐步互相渗透，互相融合，互为衬托，进一步融为整体。

炸芋角，作为一道传统的西关点心，对很多老广来说是儿时的味道。在民国茶楼兴盛的黄金年代，炸芋角一时风靡，成为早茶名点。这一具有经典粤式风味的炸物，出了广州就很难品尝得到了。也因此，它的香酥可口，成了不少人牵肠挂肚的味觉记忆。

芋角看似是普通的小吃，其实做成佳品需要深厚的功夫。有人称它是测试茶楼水准的"标杆菜品"，或许并非言过其实。近年来，由于它的制作过程复杂、精细，而点心又不能定价太高，不少粤菜店家已经将其从菜单上剔除，制作芋角的整体水准普遍下滑。

香港作家欧阳应霁就曾记录过友人某次在香港茶楼里品尝芋角的糟糕体验：只见芋角呈现出"爆炸头"造型，然而筷子一夹，"爆炸头"便与芋身分离，碟子上还留下了一摊油……此情此景，也令客人寻思着"调头走"了。

芋角难做，可见一斑。然而眼看着它变得不正宗，或是就此消失在市面上，也让人于心不忍。思来想去，要保存传统，或许其中一个方式便是扩大其应用的场景，比如将其化为高端宴席的前菜。本书作者在某次宴席中所见的"荔蓉芋角"便是一道佳例。

在宴席中，作为开胃前菜的"荔蓉芋角"，比起传统的芋角，块头小了不少，用调羹即可盛起，精致玲珑。分量小，让人食之而感到不足，更加期待下一道菜的呈现，也是其中深意。

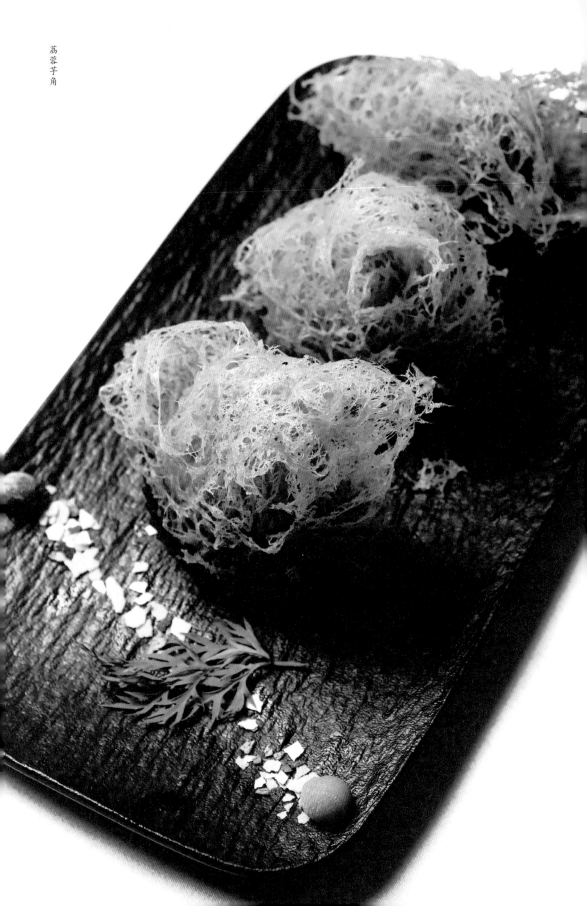

荔蓉芋角

　　这道芋角相较起前述的"爆炸头"，可以说有云泥之别：芋角炸得好，便呈现出松狮毛发般的金棕色。它形态轻盈，顶上有起酥的"蜂巢"数丛，表面金黄布满小眼。即使大小改变了，角头的"蜂巢"也都根根竖起，十分完美，状如飞蓬，乱中有序。

　　装盛荔蓉芋角的器具也不同凡响：一棵仿真枯藤老树，稳稳地撑起盘子。盘中的数只芋角被置于船状吸油纸内，既美观，不留油迹，也便于食客拿取品尝。芋角旁边尚有配角：可食用材料做成的土豆与南瓜，装点于盘沿，小巧可爱。整道小吃的摆盘，种种元素相得益彰，构成了一幅悠悠的田园乐景。生动的意境让人眼前一亮，甚至忍不住争相拍照与赏玩。于是，本为小吃的炸芋角，格调就此攀升到了精巧的高峰。

　　取一只酥脆通透的芋角，仿佛对待奇珍异宝一般，小心翼翼地送入口中。一口咬下，芋角内外的对比冲击，就如同绚烂的烟火在深蓝夜幕中绽开来：芋皮干爽香酥，而内馅湿润细嫩，截然不同。两者的美味尽数凸显，同时又达到了极致的融合。

　　香脆表皮的秘密，在于芋泥乃是精选淀粉足、香味浓的广西荔浦芋头做成，再加比例得当的澄面和新鲜猪油，揉成表皮。炸制过程中，须严格控制油温的范围，使芋皮不至于"脱去"，也不至于在镬中被"炸死"——脆面变硬，起不了金黄酥脆的"蜂巢"。

　　食材与技法得当，才使得松脆的表皮入口即化，毫不油腻。金霜般的表皮下裹着的内馅，则由猪肉、虾肉、冬菇切丁混合而成，既弹牙，又嫩滑，味道甜咸相间。咬下的瞬间，便能感到汁水从内部微微渗出，饱满丰盈。

　　喜食煎炸食物，是刻在人类DNA上的特性。煎堆、咸水角、薄脆……一众广式炸物，虽然是热量炸弹，又不甚养生，却因这种禁忌而更加迷人。本能的向往被甜香逗起，待到舌尖划过酥脆的外壳、柔软溢汁的内里，愉悦的咔吱声响起，更让人欲罢不能。这也是为什么一口炸芋角能让满足感当即迸发四溢的原因。

　　还有一个原因，大约是因为这种快乐与儿时的记忆相勾连。如俞平伯在回忆故乡美食时所说的："小时候喜欢吃，故至今犹未忘耳。"炸芋角虽然不是多么珍贵的佳肴，却因它是孩子们曾经馋嘴的美味，而胜却人间无数。

然而，早年风靡街头巷尾的许多传统点心，今日渐渐隐去了。新式点心坊、西饼屋的红绿招牌，取代了不少走过风风雨雨的老店面与小摊档。炸蛋馓、糖沙翁、糖不甩、棉花鸡扎、鸭脚扎……许多老广州人心知心传的小食滋味，延续之路即将断裂。它们在舞台上的退场，难免出于不合口味或是不经济一类的原因，这也提醒了我们，粤式点心的记忆，若要长久保存与升华，或许还需要一些转化。

荠菜春卷：舌尖上的春天

一脉驿路自北下，珠江潮水连南海。八方来客，会于广府。这里集聚了美食的精粹，食材、技艺和情感跨越山海与时空邂逅，自有碰撞与融合。广府菜的烹饪灵魂与匠心之道，也在持续流转中，璨发出新的光华。

自东晋起，人们便将薄饼摊在盘中，缀以精美蔬菜，春游时食用，唤之"春盘"，陆游便有"春日春盘节物新"的诗句留存。后来，其又改称"春饼"。郊外踏青时，四周的美景与这一美馔相配，山间、野地、盘中餐，皆绿意盈盈，舒畅可乐。烹调技术提高、饮食习惯改变后，原是摊平的"盘""饼"，又加上了卷、折的工序，春饼正式演变为如信封状的春卷，小巧玲珑。从街头巷尾的叫卖小摊乃至宫廷的满汉全席，都可见到它的身影。

"春卷"之名，颇有意思。仿佛吃一口春卷，就吞下了一整个春天。春卷这一食物后来广为流行，不止在春季可以享用，名字也延续下来了。

春卷虽是遍及中国南北的小吃，然而到了广东，又摇身一变，获得了新的外在与内里。"荠菜春卷"便是一例。它个头比北方春卷小得多，仅一小指长。北方春卷多以荠菜为馅，在广州则将其换为本地常见的荠菜、韭菜，佐以虾仁或肉末。外层裹以干面皮油炸而成，注重油温火候，外层香脆金黄，内馅或软糯或爽香，鲜美惹人。

荠菜春卷的表皮煎得金黄，依稀可见从内部透出的点点绿意，像努力生长、试图破土而出的嫩苗。用筷子夹起，轻巧如草叶。本以为"春卷"已与"春"无关，一口咬下时，却实实在在地感到春意在舌尖绽放。新鲜荠菜正是应季蔬菜，青脆爽口，正昭告着春日款款而来。让人惊喜的是，春卷内的鲜虾也炒得酥脆爽滑，为内馅多增添了几分肉质特有的甜美。

荞菜春卷

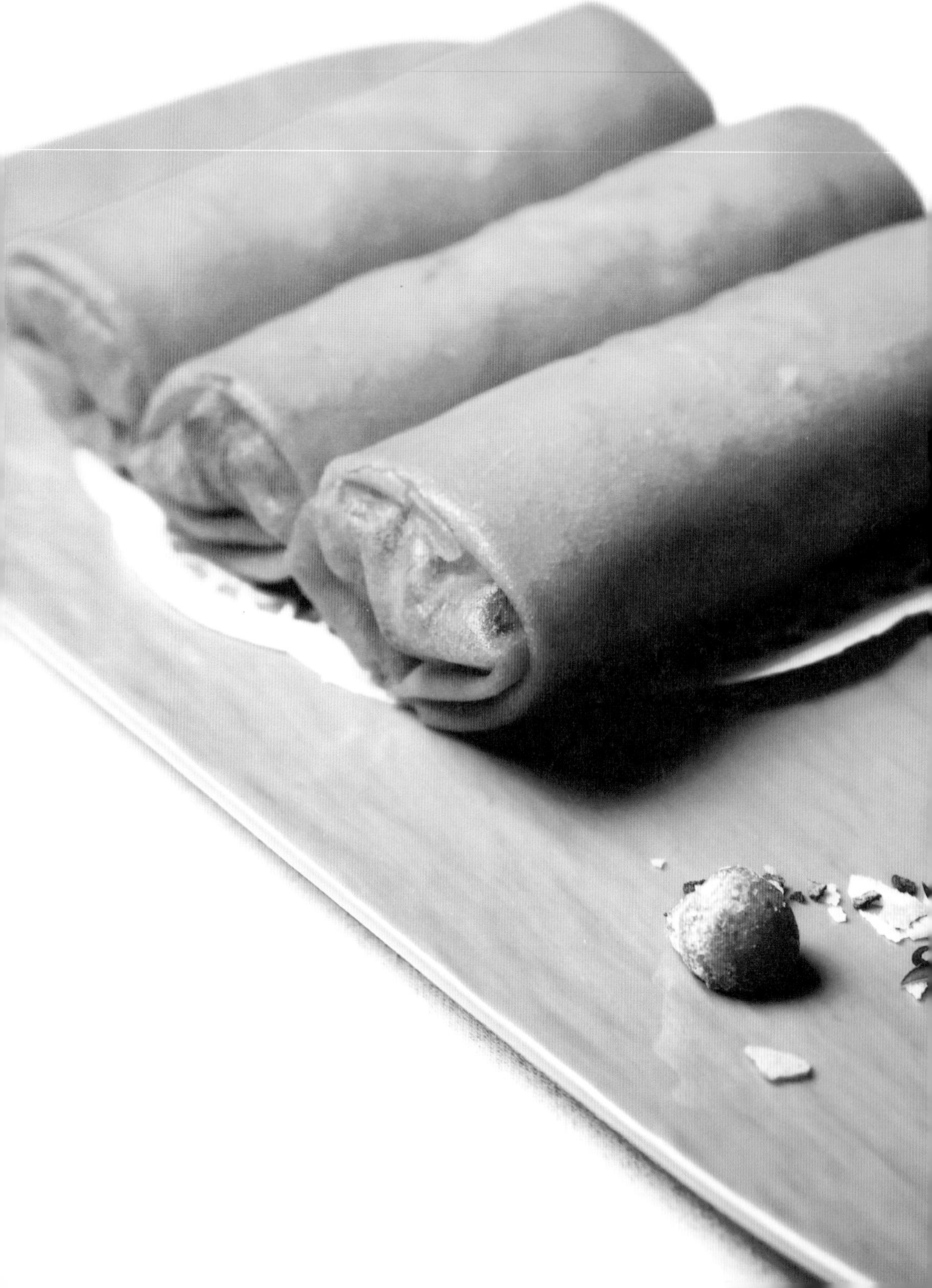

细细咀嚼着，可感受春卷皮、荠菜、虾肉三种不同的"脆"，一层层在齿间碎开；春卷皮表层酥脆，内里又富于柔软韧性，层次极为丰富，最后融而为一，真如丝丝缕缕的春意陆续袭来，最终感化万物。春风的清新也尽在其中：广东人忌油腻，怕热气，荠菜春卷虽是煎炸物，却因火候控制得当，丝毫不觉油腻，反而清爽醒人，这就全凭大厨的手艺了。

虽然并非广东传统美食，春卷也凭着自己的美味征服了南方食客的胃。今天经营广府菜的茶楼、酒家里，春卷赫然列于菜单之上。由荠菜春卷可知，春卷在粤地也已改头换面。粤人对春卷的改造，源于本土的朴素。

替换了春卷中荠菜的荠菜是南方蔬菜，在岭南的一方水土生长得欣欣向荣。广东本地荠菜又叫金丝荠菜，比湖南、海南等地的荠菜更纤细，口感更清甜。农历二三月，广府地区雨水充沛，滋润出鲜嫩的荠菜苗子。直至清明前后，荠菜成熟，便到了它最好的赏味时节，错过可就要再等一年。此时的荠菜，嫩绿如翡翠，皎白如净玉，入口清香爽脆。特别是临近清明的头茬荠菜，嫩茎似乎能掐出水，香气更提神，入口清爽无渣，故又被称为"清明菜"。茶叶中有"明前茶，贵如金"的说法，荠菜的珍贵，也大抵如是。

清明扫墓后，老广人常怀着悠悠追思之心，吃一顿荠菜。在广州话中，"荠"与"轿"同音。吃荠菜，寄寓了后辈对先人坐轿归去享福的美好祝愿。或有说"荠"与"桥"相通，荠菜作为一种中介，使先人与今人心灵相通。广府人"不时不食"的饮食讲究，加上民间传统信仰，使得荠菜成为地道的"清明菜"。

这么说来，用荠菜与虾做春卷内馅，也是基于本地饮食习惯的再发明。吃荠菜，若不搭配点其他食材，总似乎缺了点什么。既然是"清明菜"，人们索性以扫墓后"太公分猪肉"所得的乳猪炒荠菜，二者交融，迸发出成倍的香浓爽口。若没有乳猪，也有拿火腩、五花肉来炒荠菜的。荤素结合，仿佛是灵魂伴侣相见，一下子就诞生出惊艳的菜品。但还有不满足的老广，在今天可称为"懂得生活者"，想出了更绝妙的吃法：清明水涨，刚刚长成的河虾正活蹦乱跳着，在荤素基础上，加入饱满鲜嫩的合时清明河虾，在锅铲翻炒中掺入鲜虾滋味，就更喷香扑鼻惹人馋。也有一些人家，将荠菜与鸡蛋、肉丝混合搅拌、油炸，做成春卷。现在我们吃到的荠菜春卷，正是广州人多年来饮食经验的结晶。

广府菜里的春卷，也有其他形式的，如东江炸春卷，以鸡蛋为皮，内里嵌有猪肉、鱼肉、鱿鱼、香菇等，饱满味鲜；惠如楼的豆腐皮春卷，别有绵软缱绻的春意。不过，广府春卷与其他地方相比，总多了一抹清新疏淡的味道。

北方春卷多蘸酱料调味，广府春卷的味道却尽在本体之中，不另加调料。这样也离自然更近，咀嚼间，仿佛有青青的乡野气息在唇齿间流连，仿如岭南的一卷春色。

鸡汤花胶炖象形墨鱼：玲珑匠心

前文提过广东人爱饮靓汤，放入汤中的食材都是经过精挑细选的。除了考虑味觉上的复合协调，合不合时令，有无滋补养生之功效，偶尔，广东人也会有一些出奇的食材搭配，如以生蚝煲鸡汤，这两种八竿子打不着的食材，竟然也能组合。那么用点心煲汤呢？想必这是很多讲究"汤道"的老广闻所未闻，甚至要叱责的。

不过，把本来不可能的食材加以运用，却恰恰握住了开启新世界的钥匙。

试看这一道鸡汤花胶炖"墨鱼"。掀开小汤盅的盖子，一个奇幻的水中景观便显露出来：一只小"墨鱼"，浮游在金汤水池中，水下似有洁白的冰山若隐若现。

这小小"墨鱼仔"的眼睛有些奇怪，可爱得像卡通。用筷子戳一戳，质感也不同寻常，原来是被粘上去的。定睛一看，整个"墨鱼"竟然都被"调包"了。

原来这只假墨鱼乃是用糯米粉偷梁换柱。可可粉均匀撒于其上，便模拟出自然的红褐色表皮，仿佛被施加了障眼法，真假莫辨。它做得自然浑成，活脱脱是天然生长在海里的生物，正游弋于炖汤中，毫不违和。

将"墨鱼"翻过身来，便露出了雪白的肚。肚腹微微胀起，圆滚滚的，十分可爱。轻轻咬下，牙齿划破黏韧的糯米表层，便有满满的蟹黄流心从中流溢出来，滑入喉中，真是一大惊喜。假墨鱼与真蟹黄，融合共舞，稍不留神就能以假乱真。在糯米团饱满口感的基础上，蟹黄馅儿更增添了点心的肉质感，这种搭配恰如金风玉露相逢，奇妙无比。

一道菜里，便有如许真真假假，让人有些迷糊了。初看"墨鱼仔"，栩栩如生，它的"皮肉"质感似乎真如墨鱼那样厚实弹韧，细看之后，却察觉到它并非动物，然而吃进口中，又发现它其实真

的有动物的内里，在深处与海鲜合而为一。这让食客仿佛置身于《红楼梦》中的太虚幻境：假作真时真亦假，无为有处有还无。美食的真假，需要慧眼来识别，更需要切身体会。世间万物，又何尝不是如此。

这道菜中的其他两种元素——鸡汤与花胶，则采用了广府菜中的经典做法。鸡汤清而不寡，汤面毫无金亮的浮油，这是因为完成长时间的熬制之后，还要加以隔、吹、吸，完全撇去浮油，以至于纯净而不生腻。汤煲得地道，便是入口清甜，喉底回甘。只喝一口，就感到润心润肺，温暖的感觉从脏腑遍及指尖。

这盅汤里，墨鱼点心看似最为惹眼，其实重头戏藏在平平无奇的水下"冰糕"——花胶之中。如果说点心属于低端的小食，那么汤中的另一尤物——白花胶，便将汤的整个档次提升起来。它使得这盅汤放在高端宴席上也无惧众人的品评，与其他高端菜肴相比毫不逊色。

花胶，是"海八珍"之一，是粤菜中常用的名贵食材。它是从鱼腹中取出鱼鳔，切开晒干后而成，又叫鱼肚。花胶的名贵还在于它的食疗作用：《本草纲目》记载，花胶有滋阴培精的功效。在现代医学看来，花胶富含蛋白质与胶质，大大有利于伤口的恢复。

在这盅汤中选用的花胶，块大体厚、色泽明亮，温润如同一块净玉，可谓上品。用勺子舀起，整块花胶便颤颤巍巍地抖动起来，边缘处近乎透明，极为纯粹。花胶入口，软滑的质感便从舌尖传来。经过多道处理工序，它已经毫无腥味，而鸡汤的滋味也渗入其中。咬下去，厚实饱满的肉质给人带来了极大的满足感，质感略有一丝黏稠弹牙，正与糯米"墨鱼"相互呼应。鸡汤、花胶与象形墨鱼三者配合食用，浓郁丰富尽在其中矣。

一盅鸡汤花胶炖象形墨鱼，为当代料理的创新之路画出了新路线图。鸡汤是传统的家常菜，花胶是广府菜偏爱的名贵食材，象形点心也是传统的做法，然而当它们组合到一起时，就诞生了充满创意的奇迹，每个单品也随之焕然一新。

用糯米粉做成的点心，本来是较为低端的用料。在此之前，用点心炖汤或许会被人嘲笑：这不是煲汤，而是要煲汤圆吧？而在这里，得益于灵巧的构思和塑造，点心转化为象形墨鱼仔，就独特了

十年以上的一头花胶

不少，也因倾注了时间与精力，而提升了价值；"墨鱼"内馅的蟹黄，也丝毫不逊色。就这样，在这盅汤里，以鸡汤做底，托起真假海味相叠。不仅看起来美观，且整体口味极为丰富，鲜、香、清、甜，合为一体，精彩构思与厨艺功力足以折服众人。

糯米粉点心与前文的芋角一样，从小食转变为广府菜宴席上的精美菜肴，这一跨越昭示着味蕾其实并不存在局限。既然如此，就更不必设置人为的壁垒。打破固定思维的限制，自然就敞开了菜肴演变的创新之路。饮食与生活相联，对于人生中的种种限制，亦有着同样的启示。

厨丞越法烤小豕：古法心传

　　不少对民国粤菜充满情怀的文化人、美食家通过复刻古法菜肴，回到记忆的深处。中华老字号广州酒家便素以弘扬岭南饮食文化为己任，历年来集力量斥巨资，根据历史资料，联合史学家、美食家、业内权威人士与名厨大师复刻经典，并加以解构、重组、精进、创新，先后推出了"南越王宴""五朝宴""满汉大全筵""民国粤味宴"，以及富有时代感与符合现代口味和审美的当代融合菜筵席。一桌桌一脉相连、贯穿南粤历史文化节点、精致绝伦的广府雅宴，与时俱进，兼收并蓄，既是对历来备受欢迎的历史名菜综合时代审美的演绎，也使传统与当代烹调时光穿越、彼此相融。

　　在广州酒家复刻的"南越王宴"中，有一道"厨丞越法烤小豕"。1983 年，在广州南越王墓中，出土了一架青铜烤炉，炉上有悬挂大件烤物的铁链，烤串肉的铁钎，烧乳猪的带齿铁叉，还有烤猪排骨的残骨。可见，烧乳猪在广州人的餐桌上早在两千多年前已出现。

　　而在文字记载中，烧乳猪的历史则可追溯到西周时期。当时，这道菜肴被命名为"炮豚"，列为"八珍"之一。用黄土裹着，置炭火中烘熟，此种制法古代称"炮"。这也证明了中华民族的先人已经能熟练运用火于饮食之中。

　　于今日而言，烹饪中对火的运用已千变万化。厨师们不断追求着更精准的火候，或者将火玩出种种花样，如猛火爆炒、文火慢炖等。火赋予了食物不同的面貌。尤其在讲究极致口感的粤菜中，火候更像是厨师之间代代相传的秘密。温度、分秒与食物，怎样才算是恰到好处，全在不言中，而心领神会往往只在须臾之间。

　　清代的"满汉大全筵"中也有烧乳猪的身影。相传满汉全席始见于清代中叶宫廷盛宴，后传入民间，是我国历代烹饪技艺发展的

炭烧脆皮有米猪

一个高峰，它让满汉两族烹饪精华珠联璧合，基本特色便是燕鲍翅与烧烤类菜肴。不过今日，烧乳猪的确成了广府菜独传的风尚。在广州人注重饮食精细的追求之中，烧乳猪的技艺与味道不断创新，经广州酒家改良、以新形式呈现的"厨丞越法烤小豕"就是最好的例证。

一只金红的光皮小猪立在那里，两只前脚一上一下，像是在对客人们作揖行礼。不同于趴着的烧乳猪，站着的烧乳猪对火候把控的要求可要高不少。在一整套繁杂的工序里，那两只细小的前脚要始终保持"优雅"姿态，也不能让炉火燎得焦黑。而且因为站着的时候，免不了肚皮朝着客人，便不能是开膛破肚的模样。细看时可见猪肚隐约有一道缝合线，身躯也保持着饱满圆润，想必是内有乾坤。

这道菜上桌时需尽快分切，要是误了时机，恐怕就要失去品尝酥脆猪皮的机会了。清代文人袁枚就曾在《随园食单》中谈到，"烧乳猪"的口味标准应以"酥为上，脆次之，硬斯下矣"，也是深谙此道。

切好的整块光皮乳猪，像是一道弯弯的拱桥，表面色泽极为光亮，但却不显得油腻。轻轻推倒、翻过来看，里面包裹着的是糯米饭。半个多小时的松化、烤制，使猪皮下的一小层油脂全都渗入糯米中。些许动物油脂就足能画龙点睛，使糯米变得更浓郁甘香，颗粒丰腴而又彼此黏连，而猪皮也因此少了油腻感，比传统的光皮乳猪更加酥脆，看上去不是油光滑亮，而是些许哑光质感，更符合现代人的口味与审美。

这搭配实属是意料之中、合情合理。但即使有心理准备，将乳猪吃到口中时，食客还是会被狠狠地惊艳到：烧乳猪与糯米饭结合得极为紧实，筷子夹起来也毫无松散的迹象。一口下去，上齿碰触到猪皮的酥脆，下齿则一下子陷入了糯米柔韧的怀抱里。糯米饭里还糅合了少许香菇碎、腊肠粒、瑶柱丝等，让人一时间在这浓郁的香味与复杂的口感中晕头转向。以为熟悉，却又陌生，实在妙不可言。

起初的烧乳猪都是光皮乳猪。温和而精准把控的火候，让乳猪表面光滑如镜，不能有一丝一毫的起泡、爆开等现象，才能保证光皮乳猪的高颜值。但人们也发现，只要放置时间稍长，光皮就会因为湿度、温度变化而回软，变得过分硬实，入口的时候有嚼纸感。要想让食客在黄金时段内品尝乳猪，对酒楼和厨师的考验实在太大。

后来厨师发现，只要在烧制前的涂料中加入曲酒、白醋，并且改用猛火，就能使猪皮表面充分起泡、爆破、酥化，由此创造了与光皮截然相反的另一种极致口感——麻皮乳猪。用温和火候耐心烧制出光皮，或者用猛火急攻激烈碰撞出麻皮，都十分考验厨师对火的掌控。热火与时间的机密藏在厨师心中，悄悄作用于食物之上，创造出一道道美味杰作。

如今烧乳猪在广州得以独传且风行，也与广州祭祖扫墓、婚丧嫁娶的传统习俗有关。在这些重要的仪式场合，总少不了乳猪那红润油亮的身影。讲究"好意头"的广州人，美其名曰"鸿运金猪"。宴席一开场，一只只"金猪"鱼贯而出，场面颇为壮观。只见金红而润泽的乳猪四肢撑开，趴伏在金银盘绿叶中，眼睛上点缀着两粒红樱桃或红灯胆，看起来相当喜庆，也为主人家撑起了面子。

而回乡扫墓的情景，则是熙熙攘攘的人群带着各种祭拜的供品、礼器上山，队伍里夹杂着乡音。孩子们像欢脱的鸟雀一般，在乡间山野的小径上追逐着。一路上，烧乳猪的香气能顺着风飘出几十米远，引得孩子们忍不住在它周边晃悠，眼睛一边打量着，一边止不住地咽口水。但按照规矩，孩子们不得不按捺住性子，等到祭祖仪式大功告成，才可以一起分而享用乳猪。传说中的"太公分猪肉"也许就有这样的氛围吧。

新装盐焗鸡：传统新解构

广府菜属粤菜重要的一脉，自然与潮汕菜、客家菜有相互渗透、浸染之处。接近的风土物产，也培养出了相近的口味。广府、潮汕、客家互相影响碰撞与衍生，带来的味蕾与视觉体验虽然新奇，但也平易近人。

常听人调侃"没有一只鸡能活着离开广东"，此言非虚。广东人嗜鸡，"无鸡不成宴"已成了既定的餐桌习俗。湛江沙姜鸡、东江盐焗鸡、客家猪肚鸡、广州白切鸡、顺德桑拿鸡、清远吊烧鸡、普宁豆酱鸡、化州隔水蒸鸡……一只鸡，省内各地吃法纷呈，各有各的风味，不变的则是对鲜与味的追求。

广州自古作为食货聚集之地，云集各地美味。今天许多人前往广州打拼，也携来了家乡味道。在广州要尝到上述种种做法的鸡，并非难事，街头巷尾总有大大小小的菜馆能够慰藉游子的思乡之情。其中有一些烹饪鸡的方式，历史悠久，且广受老广喜爱，已经融入广府菜系中。

东江盐焗鸡便是一例，它源于客家菜，早已被纳入广府菜的谱系之中。盐焗鸡香味奇异，肉质鲜嫩，在粤东地区盛行了数百年，民国时期终于落户广府。第一家售卖盐焗鸡的宁昌饭店研制出更适合广府人口味的手撕盐焗鸡，因该店后更名为"东江饭店"，这种盐焗鸡也就被称为"东江盐焗鸡"了。

鸡，是怎么吃都吃不厌的。一大盘整鸡端上桌，香飘满屋，只待宾主共欢。不过看久了传统的摆盘，难免会有些审美疲劳。广州酒家改良的当代东江盐焗鸡为了创新，在装点上花足了心思，不仅要满足食客的口腹之欲，还要悦人眼目：不再是奉上一大盘鸡由众人夹取，而是每位分配一小碟的"定食"制，限制了摄入数量，反而更激起人的食欲。两块皮黄肉紧的鸡肉，被装入一个裂开的蛋壳

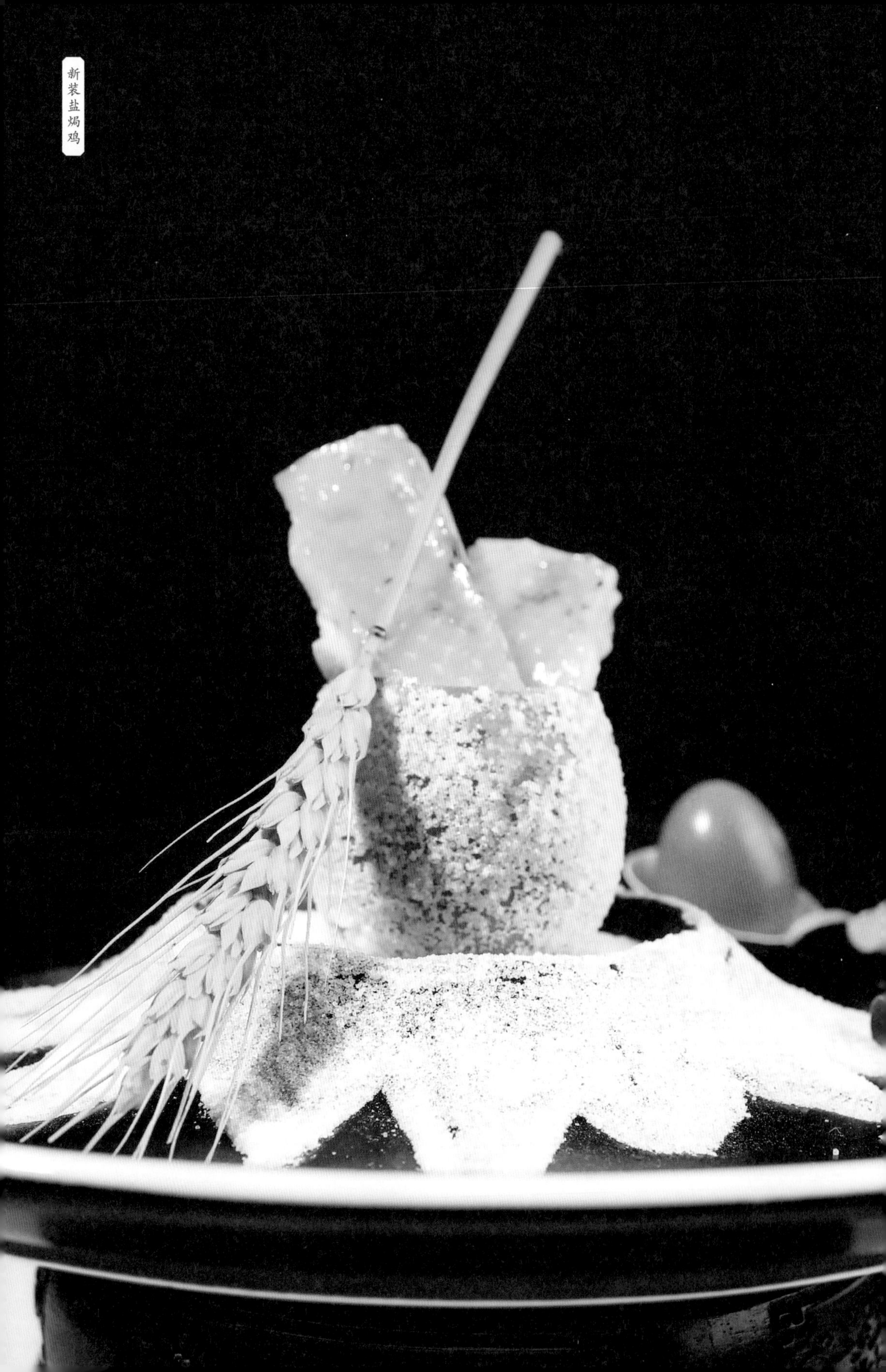

新装盐焗鸡

之中。壳下洒满洁净的食盐，如同白雪结晶。无需服务员报菜名，"盐焗鸡"三字已经呼之欲出。

边上，一个小小的鹌鹑蛋，已经褪去了蛋壳，遍体呈现出橙褐色光泽。蛋下垫着一片茶叶，点明其乃微缩版"茶叶蛋"。蛋白软韧，轻轻一咬，就有蛋黄从内部流溢出来，软糯黏稠。原来这还是一个流心蛋，食客戏称为"心太软"。要做到这一点，并非易事，一般的蛋熟了之后，蛋黄就会变硬。要持续以低温摇动的方法去煮制，才能避免蛋黄凝固。对小小的鹌鹑蛋来说，熟与不熟、凝固与不凝固只在一线之间，因而制作时间要把控得当。

装在蛋壳里的鸡肉，表皮金黄灿亮，略带一层晶莹的脂肪；肉是最嫩的部位，粉白鲜亮，可见肌肉的纹理。一口咬下，皮爽脆弹牙，肉多汁鲜美，饱满而柔韧，更有一味咸香在口腔中弥散开来。

这主角，选材于清远鸡"凤中皇"，品质极优。它在成为盘中餐前，被放养在山林中散养走地，可以说是吸收了天地之精华，无愧于广府人对鸡的最高评价："呢（粤语，这）只鸡好有鸡味！"

最古法的盐焗鸡做法如下：趁鸡刚杀，用调味料抹匀鸡身，拿油纸包裹起来。炒热粗盐，把鸡埋藏在装满盐的大锅里，慢火焗煮到鸡熟为止，最后出来的鸡就会很香。

盐焗鸡这道传统的客家家乡风味如今在广府菜中以新的形式被演绎出来，既创造了新的呈现方式，又保存了本初的味道。家乡的记忆与文化在此处融合，每一次的烹煮，似乎都是一次倾注了热爱与灵魂的仪式。前来品尝的异乡食客们，也在味道中找到他乡与故乡。

鲍鱼猪肚：珍品与家常

猪肚与鲍鱼，是广府菜中常见的食材。但将二者以别具一格的烹饪方法与形式结合后再奉上，就是不同寻常的菜肴了。如果在其中再加上一味酸菜呢？或许更是鲜有人品尝过的珍品。

然而这样一道菜是真实存在的，历史还不短。民国的饕客已经有这样的智慧。这道菜式流传至今，时间证实了它的经典。

民国广府菜有传统官府菜的鲜明特性，强调大气，酬请时显出东家的豪爽。鲍鱼猪肚上桌，用一缠花大瓷盆盛着，很能撑场面。要做成这么大一道菜，须选用最上佳而稀有的"两头鲍"（一斤里能称两只鲍鱼），个头大，才能切得大块，塑造成形。

有了大气，还要不失精致，方可称为懂得格调。这就要从选料与口味上下功夫了。

"两头鲍"一只就得养六七年，且不易存活，故有"有钱难买两头鲍"的说法。也正因养的时间长了，其属性味道、肉质肌理、提供制作的可塑性，都远超一般的小只鲍鱼，非常难得。做这一道菜，就用上了四个猪肚，但只挑选其中最精华的"猪肚丁"部位，因为唯此处才有厚实而紧致的口感。潮汕酸菜起到的作用亦不可小觑。制作中，先要取有叶的潮州咸菜包裹猪肚，腌制入味；摆盘时，则要取茎厚多汁的去叶酸菜，将菜帮子掺夹在鲍鱼猪肚之中。鲍鱼、猪肚、酸菜，粉绿相叠，在精妙的刀工下塑造出海浪迭起般的层次感。

品尝过其味的人，就不难明白它为什么在百年间持续受到欢迎。猪肚绵软而有弹韧感，带着猪肉的甘鲜，鲍鱼则带着海鲜的干爽醇厚与自身肉质的甘鲜，二者皆脆中带松。煮制鲍鱼时的汤汁再浇注到整道菜上，与猪肚融为一体。酸菜与前二者味道有别，因其咸香爽脆，十分醒胃，起点睛作用，上碗时，加入麻油，清香滑口。

一块鲍鱼，一片猪肚，一块酸菜，一同放入口中品味，海鲜、

家畜、蔬菜相互融合的鲜甜爽嫩一齐涌入口腔，弹性、嚼劲、脆爽搭配，恰如其分的香润、饱满而丰盈，与丝丝酸爽相得益彰，三者碰撞生辉，最终合而为一，产生如交响乐般的复合感。

酸菜没有那么名贵，是潮汕人日常喝粥的佐食，简单而亲切。一碗白糜，配上几碟杂咸小菜，便觉五脏熨帖。但在这里，它不仅与鲍鱼、猪肚平起平坐，更可称为神来之笔。

鲍鱼、猪肚在唇齿间的柔和盈润，在咀嚼酸菜的响声中，被赋予了一种节奏感。菜帮温度略低，带来了如夏日晚风一般的清凉。咸中微酸，酸中带甜，潮汕酸菜的生、脆、清、甘，化解了膏粱厚味可能产生的滞重感。这也恰恰是大粤菜背景之下，潮汕元素异军突起，深入广府菜，并为其增色的典型。

说到潮汕元素，不妨再谈谈两地对珍贵海味的处理。潮汕菜，看重海鲜的"活"。生炊、清蒸、白灼，皆为全其鲜味。以至于刚从河海里打捞上的水产，转眼就被送去制作鱼生、血蛤，生猛无比。鲍鱼在潮汕俗称"九眼"（鲍鱼壳有九个孔），由于未引入养殖前较为稀缺名贵，潮汕菜里处理鲍鱼，通常切片生炒或炖汤，后来受日本浸清酒"冰镇"的做法影响，也制成刺身或"冻鲍"，将新鲜的鲍鱼放置于冰块的"山巅"，配上芥辣，刺激且极鲜。还有"焗鲍"，同样采取鲜鲍，倒入上汤，用蒸汽将其焗熟。

广府菜做鲍鱼则更乐于选取"干鲍"。鲜活的鲍鱼需要经过盐水腌渍、炭火焙干、日晒数月、经年存放，在多重繁复工序后化为干鲍，方成美味。干鲍，讲究发酵"溏心"的最高境界。"溏"，意为液体凝结成浆的样子。干鲍存放的时间越长，"溏心"的效果越好。这"溏心"鲍鱼的别致风味，便如张大千所说，"吃鲍鱼圆心，嫩似溶浆，晶莹凝脂，色同琥珀"。"溏心"，不同于潮汕菜追求鲜活的速度，乃耐心与时光淬炼的味道。

广州酒家复刻的这道民国粤菜，则是选用了其新研发妙用鲍鱼的"半干鲍"，在制作鲜鲍到干鲍的过程中截取一道半成品，既有鲜鲍的甘爽，又有干鲍的咸香，吃起来别具风味，惹人流连。

东江盐焗鸡与鲍鱼猪肚，以其选材、口味来论，都是融入广府菜中永不过时的经典。而它们的味觉体验之所以能让人攀升至新的高峰，也都有赖于异乡元素的渗入。今日广府菜的面目，离不开历史上其他菜系跨越南北的奔赴，亦离不开粤菜体系内部各支流的交汇。交通的桥梁被架起后，粤菜分支的界限也日渐消融，各自的特色彼此串联，畅通无阻。不同菜系的元素相遇，相互配合，迸发出新的味觉体验。

一代代烹饪者，面对着眼前繁杂的食材与外来的技艺，想象着"如果把这引入广府菜，会是什么味道"，不断尝试、挑战，最终发现了最为匹配的组合。历经了一次又一次食物与技法的偶遇、邂逅、碰撞，在时间的沉淀、情感的灌注、费心费力的制作后，我们方可尝到这一口美味。这也是我提出"大粤菜"概念的动力之一。

潮汕与客家特有的美食哲学，赋予了广府菜极大的创造空间。在未来，粤菜体系还将持续贴合与激荡，产生无限可能，在一道菜中，见出各地山海。

榄仁蟹肉烩鲜莲：诗情雅韵

一方水土养育一方人，大地江河馈赠给我们如此丰饶的物产，也让我们与自然心神交融，获得美好生活的种种享受。正如诗云："万物静观皆自得，四时佳兴与人同。"[1]只消看看广府宴席，便能知晓粤人有多么热爱岭南风物，否则怎会对自然有如此细致的观察、透彻的领悟以及精准的应用？

眼前这道榄仁蟹肉烩鲜莲在摆盘的美学上，比民国时期已有的鲜莲蟹羹更为雅致。水汪汪的汤羹中，赫然盛载着一朵碧绿的"莲蓬"，莹白饱满的莲子嵌于其中，令人恍别红尘而入画中。

舀起汤羹品尝，蒸熟后拆出的蟹肉将鲜甜全然释放在汤里，嫩滑轻盈的质感在口中仿佛无物。

勺边不小心触碰到"莲蓬"时，那颤巍巍的滑嫩质感实在勾人心弦。很难想象这"莲蓬"竟然是用鲮鱼蓉制作而成的，完全没有加入蛋清等常见的易于凝固之物。为了追求极致嫩滑的口感，厨师借鉴了"刮鱼蓉"的技艺，将鲮鱼蓉放入浓稠的高汤之中，并用菠菜汁着色。汤中丰富的胶质冷却、凝结、定形之后，成就了这栩栩如生的"莲蓬"。

莲子清火，蟹性寒，但用温补的鸡汤则能中和这一点，成就一道应季养生、消暑醒胃的佳肴。羹中另一味食材榄仁，则是岭南佳果橄榄的核仁，以之入馔在外地恐怕难见。而在这道蟹羹中，用油炸松之后的榄仁，则于鲜甜之外增添了一丝甘苦与油脂香，也多了几分嚼头，无论是滋味或口感都更为丰富。

莲在中华文化中，承载着洁净、高雅、佛性等诸多美好寓意，为历代文人雅士们所反复吟咏。相比之下，莲蓬、莲子与莲藕似乎较少出现在文学作品中。辛弃疾曾写过"最喜小儿亡赖，溪头卧剥

---

[1] 出自北宋程颢《秋日偶成》。

莲蓬",青翠欲滴的莲蓬与天真懵懂的顽童相映,倒显得比雅洁的莲花多了几分稚趣。而那莲藕与莲子更是广府人心中上佳的食材,虽然不以美貌吸引人,却实实在在地给人诸多益处。

盛夏之际的广州西关是广州赏荷的好去处。西关,是广州荔湾区的旧称,俗语有"西关小姐,东山少爷",指的是清末民国时期广州城西多名门闺秀、城东多官贵俊少等富户名流之家。老广怀旧,日常提起也多半仍称"西关"。

西关一带原本是大片的泥沼。居住在此的主要是疍民①,他们以渔船为家,后来有部分人落脚于水边,发展起半塘半基的农业模式,因此也称为"泮塘"。清代学者屈大均在《广东新语》中记载:"又五里有荔枝湾……其在半塘者,有花坞,有华林园,皆伪南汉故迹……人家多种菱、荷、茨菰、蕹芹之属……"此处特产是上好的莲藕、茨菰、马蹄、茭笋与菱角,被誉为"泮塘五秀"。

《羊城竹枝词》中有云:"泮塘夏日荔枝红,万树虬珠映水浓。消得绿天亭一角,乱蝉声扬藕花风。"如今,泮塘风景已然大为改观,但我们依旧可以凭着这文字记载与美食之享,任想象的翅膀带我们回到往昔。

---

① 与黎族有远亲关系的水上居民,也称为连家船民,有终生漂泊于水上、以船为家的传统,主要生活在福建闽江中下游、福州沿海一带以及广州的水上。

生拆鱼云羹：汤羹之间的智慧

广府菜向来对复合味颇有执念，用于汤羹类菜肴的烹饪也是得心应手。一碗汤羹，荟萃各种颜色、滋味、口感与营养，集天地日月之精华于盏中，使人从舌尖到心里都能获得分外的满足。但"复合"并不意味着味道之间的堆砌争抢。每样食材须得舍去自我、释放自我，彼此间进而掺和交错、物我相融，方入胜境。

汤羹的历史其实比炒菜更为古老。相传，"轩辕造粥、饭、羹、炙、脍"，汤羹在商周时期就已经成为日常肴馔。而熬煮汤羹的过程更像是君子的向内自修，戒骄戒躁，宠辱不惊，静观其变——与川湘菜那种火辣霸蛮的"江湖气"截然不同。

经典的民国菜肴"生拆鱼云羹"，便取材于鳙鱼头蒸熟后取出的脑髓。广州人常说"鳙鱼头，鲩鱼尾"，都是精华所在，因其质感如云似絮，得名"鱼云"。厨师需要以特定手法取出鳙鱼头的脑髓，保持原状且不能有刺骨残余，既无省时捷径，也无专门的工具，此手法称之为"生拆"。

鱼云羹最符合广州人对清鲜嫩滑的追求。鱼汤虽然浓香却仍能保持清爽，毫不黏腻，浓缩了鱼味之精华，鲜甜无比。鱼云如脂似膏，毫无腥气，加上木耳、草菇、丝瓜、豆腐等，用极精湛的刀工裁成细丝状，黑、白、青、褐……千丝万缕般漂漾在汤羹中，恰如一幅水墨晕染的"彩云追月"。

舀之连绵不断，入口才能百转千回。满满一勺送入口中，"嗦溜"一下便滑入喉咙。此刻，清苦回甘的陈皮丝和清香酸甜的柠檬丝、爽辣刺激的辣椒丝和辛香馥郁的胡椒粉同中有异的味道，仿佛在嘴里奏起了交响乐，精彩绝伦。

陈皮化痰，辣椒祛湿，胡椒暖胃，而鱼云本身的营养也极为丰富，尤其注重养生的广府人自然对此深谙无比。民国时也有一道

鱼云羹

"鱼头云酒"，将鱼云用姜汁炒过去腥，加入黄酒或米酒，以及川芎、白芷隔水炖，据说对产妇和乳母极有益处。

民国广府菜的标杆、江孔殷家的"太史家宴"上，有一道招牌菜"太史蛇羹"，在当时可是风靡广州城。翻看当时的菜谱，这道菜食材极多、工序繁杂，要费好长时间才能看明白个大概：主料需集齐金环蛇、银环蛇、眼镜蛇、水蛇、锦蛇五种，炖成蛇汤，捞出蛇肉，由厨师手工将蛇肉拆成丝状。另外，以鸡肉丝、鲍鱼丝、广肚丝、冬菇、木耳等熬煮成上汤，与蛇肉一同熬成蛇羹，需要三个多时辰。吃前还可以加入少许菊花丝，这清新跳脱的想象力实在让人匪夷所思。

广府人的汤羹做法常见的有七种：煲、滚、炖、清汤（做好菜之后把高汤淋进去）、氽汤（将原料摆好，开水冲进去）、汤泡（如汤泡虾球）、烩羹（加淀粉调芡的汤）。而老广所说的"啖汤"，多指煲、炖、滚三种。汤羹的制作讲究用水的比例与用料的品质，讲究不同用料，不同目的，不同的火候、时间与器皿。

汤不仅是开胃润胃提升食欲的助推剂，还是适应四时之变不同体质调养身体的养生之物，春天人们要"升补"，夏天要"清补"，秋天要"平补"，冬天要"滋补"，人们相信多喝汤水能逐暑祛湿，补身益体，故烹制汤品多有沿袭历代中医的食疗用方，应对不同体质不同环境不同季节，汤成了粤菜不可或缺的选择。

文人雅客们对汤羹菜的享受固然带有深厚的文化气息，但对于更多的广州百姓而言，老火靓汤才是最触手可及的家常味道。其实，最耐人寻味的汤也许不在酒家，而在自家。

虽然有诸多汤谱将配方一一记载，但每一家的主妇都有自己的秘籍，这更像是某种刻印在骨子里的底色，是在广州家庭代代传承的智慧。假如这家人体质偏寒，那么，在他家的汤渣里极有可能找到大枣、枸杞、黄芪、党参一类补气血的食材；又如那家孩子最近冷饮吃多了，汤里恐怕少不了一把炒薏米、芡实、茯苓或甘苦的陈皮，祛湿和胃。

从小被汤汤水水滋养大的广州孩子，嘴巴可刁钻得紧。那些独特的食材进行排列组合，创造出复合的滋味，一碗汤放了什么，缺了什么，一尝便知。不过，即使再科学理性地分析这些配方的讲究，也无法解释为什么一口便能尝出这汤是不是"我妈煲的"。可以说，每一个广东家庭主妇心中都有一系列的汤谱与秘法。

近年来有不少人质疑喝汤对健康的影响，但话说回来，凡事皆有度。只要掌握好方法和熬煮的时长，喝汤仍然是利大于弊。广州人对啖汤的热爱，也绝不是一两句嘌呤高、脂肪多就能打消的，煲的不仅仅是食材汤料，还有最温暖的时光与深沉的爱意。

上汤绿线叶：蔬食有节

人类以聪明才智不断为自身的生存与成长开发着各式各样的食物，进而从物质到精神地追求着口味习惯、身心感受与营养功效。蔬菜就是人们生活中不可或缺的食物之一，凡可以或制作或烹饪成为食品的植物（除了粮食）或菌类等，均属于蔬菜的范畴，包括根菜类、叶菜类、葱蒜类、瓜果类、豆薯类、菇菌类等。随着人们培植技术与信息物流的发展，生长快、可复播、产量高、时令性强的蔬菜也不断为人们的日常生活带来填腹、养生、邂逅、尝新、猎奇等等惊喜、慰藉与滋养，不仅可提供人体所必需的各种维生素、纤维质和矿物质等营养，还能改善肠道功能、提高免疫力等。人类与蔬菜息息相关。

孔子在《论语》中说过"不时，不食"，时令之食，适时而食才是最适口适体的美食；中国医书名著《黄帝内经》亦有"司岁备物"的记载，意为要遵循大自然的阴阳气候采备药物、食物。粤人的饮食哲学就明显地传承了古人这方面的智慧。

粤人善烹时令菜肴，按时认季适时进食，又有"二月韭菜春日艾，春鳊秋鲤夏三黎（鲥鱼）"等说法，道尽了时令季节物产特色与品味的时机，体现了中国式的养生智慧。

据传，苏轼宦游岭南之际，因不惯食用海鲜和野味，便自己利用多种多样的蔬菜烹调素羹。他在《东坡羹颂（并引）》文中记述了自己所创制的"东坡羹"，并赋诗言："甘甘尝从极处回，咸酸未必是盐梅。问师此个天真味，根上来么尘上来？"大意是说，甘到极致是苦，苦到极致则甘，咸酸之味不一定要靠盐梅来调，关键是要顺应食物之本性。饮食之道恰如人生，也由此得悟。

岭南之地光雨充足，四季青绿，似乎也使广府人养成了在饮食中不可不见绿色蔬菜的习惯。广州人也因此对蔬菜有着独特的理解。东北的菜单上绿叶菜偏少，大拌菜就是满满一碟子黄瓜丝、胡萝卜丝、红黄菜椒丝，和广州餐厅里点菜小姐单口相声般的报菜名——菜心、生菜、油麦菜、通心菜、番薯叶、豆苗等大异其趣。看来，老广的确是对那盘子翠绿心存执念。

广州人吃蔬菜也有百般花样。在广州人眼中，每一种蔬菜都与众不同，只有根据每种蔬菜的口感、风味、食性等，选择最适宜的烹饪方式，才能发挥其本真至味。增城特产的迟菜心，只需要白灼后以生抽提味，或者用清汤烫熟，其他多余的调味品都可能抢走其本味之清甜；脆生生的芥蓝，采用炒制可以保持其口感，然而其外皮略带青涩，可以加入少量白糖，又可佐以姜汁中和其寒性，还有蒜蓉粉丝蒸娃娃菜、支竹捞起水东芥菜、金银蛋上汤豆苗等，大都依照食材本性而得。

除了常见的蔬菜种类，在广东，不少野菜山花也被端上了餐桌。如果说，过去粤菜的"杂食"是出于人多粮少的无奈，今日广府人则更多地怀着对自然万物的好奇，以神农尝百草般的热情探索新食材，为世人带来更多元的选择。野菜精做，也别有一番素雅格调。

粤菜厨师手下有一不轻易外传的绝招，那就是上汤，主要的原料是老母鸡、火腿、梅肉、猪大骨等，其味极鲜，远非味精可比。上汤也有诸多种类，如浓鸡汤、清鸡汤、黄汤等，味型不一，适宜与不同的食材进行搭配。其实，平常在酒楼食肆中看到的盐水菜心、泉水枸杞叶等，并不一定就是用简单的盐水、泉水烹就，也许用的是盐水中的鸡汤或泉水中的上汤之类，只是隐藏了汤水吸油融渣等环节。而浸泡着青绿蔬菜却澄清依然的汁水，看似平常，却清而不寡。

为了吃一道蔬菜，用上金贵的上汤也同样值得。就以一道"上汤绿线叶"为例。绿线叶又称"血通菜"，是南方特有的野菜品种，直接炒制难免寡淡涩口。厨师只摘取其最精华的嫩芽叶心，舍弃纤维粗老的部分，在焯水时加入些许冰糖，便能带走野菜的苦涩味。

而烹饪这道菜的关键之处，则在于浸润菜叶的浓鸡汤。原本寡而青涩的野菜在鸡汤的作用下，兼有甘鲜与清香之妙，恰到好处的熟成度使之保持了原有的青翠色泽。看似简单的一道野菜，其中蕴藏了无数小心思。

山泉水菜心

清炒芥蓝

从泥土山林到人类文明的距离并不遥远，大自然到底有多少种可能的打开方式，实在值得期待。不过，若是想请广州的朋友吃饭，一定要记得点上一盘绿油油、嫩生生的蔬菜，否则，总会像少了些许什么似的。

上汤鲮鱼面：乡愁入味

广府菜在民国时期才真正扬名四海。当时，广州不仅作为岭南的政治与商贸中心，更是举足轻重的民主革命策源地。诸多社会名流、文人雅客生活于广州，他们挑剔的味蕾、执着的讲究、对美味的极致追求也促进了广府菜的提升。广府菜亦经由他们的文字与交游得以传扬于海内外。

鲁迅先生曾于广州中山大学任教。其间，他的未婚妻许广平女士就曾将"土鲮鱼"作为礼物。鲁迅先生在日记中写到："1月24日：广平来并赠土鲮鱼四尾，同至妙奇香夜饭。""30日：广平来并赠土鲮鱼六尾。"字里行间，土鲮鱼似乎是鲁迅先生的热爱。这不禁使人好奇万分：究竟是何等美味，竟让执笔如刀、目光冷峻的鲁迅先生，流露出如此家常温和的一面？

鲮鱼原产于顺德，民国时期风行广东、上海，一直是最具地方特色的广府菜原料。鲮鱼于一些旅居在外的广州人而言，相当于莼鲈之于江南人，承载着太多怀古思乡之情。张英魂先生就曾在文章中记述："鲮鱼……肉嫩味鲜，隽永绝伦，为他鱼所不及。""古人当秋起则忆莼鲈，兹者阳和景明，鲮鱼蟛蜞子已上市矣，思之不可复得，余草此篇，而不禁饶涎垂三尺也。"

说回广州，据说当初广州首任市长孙科先生，最爱便是广州北园酒家"鱼王"骆昌独创的"上汤鲮鱼面"。

只见素白的面线纠结成团，静静地躺在鲜橙色的浓汤里。看起来不算招眼，更使人感觉与鲮鱼扯不上什么关联。倒入佐配的芹菜粒、洋葱粒，混合着汤汁搅拌鱼面。送入口中，汤汁中浓醇甘鲜的复杂滋味着实令人惊艳。烩制这道鲮鱼面所采用的并不是寻常上汤，而是在上汤中加入炒制的龙虾头、虾膏、洋葱等食材。比起原初的鲮鱼面，其不仅价格更为昂贵，滋味也更加丰富和多层次。

此时，鱼面独特的爽滑弹牙也充分展现出来，甚至在唇齿间摩

上汤鲮鱼面

擦出轻微的声响。这看似简单的鲮鱼面，缘何成为孙先生的"心头好"？不露锋芒也不着声色，只有细细品尝之人才能获得与美味相逢的惊艳——这蕴藏着广府大厨们心照不宣的秘籍，也正体现了广府菜雅致含蓄的一面。

其实，这鱼面本身也极为考验厨师的手艺。鲮鱼肉鲜甜然而多小刺，因此厨师不用捶、剁、绞等手法，而是耐心地从骨刺间刮出鱼肉，加入蛋清，挞成面团再压制切成面线状。另外，其也有鱼滑、鱼圆、鱼皮角等不同形态的品种。

早些时候粤人对鲮鱼的属性并不了解，误用生姜去腥，反而吊出鲮鱼的土腥气。倒是江苏人对鲮鱼的制作颇有心得。有史料记载，顺德人欧阳礼志仿照江苏鱼圆的做法，创造了均安鱼饼，由此开启了顺德菜中丰富多样的鲮鱼制品。

说到顺德菜，顺便谈谈民国时"厨出凤城"之俗谈。顺德原名太艮，该地有一凤凰山，山上有城，自古就有"凤城"之别称。500多年前广东地图只有"太艮"，后才设县"顺德"，顺德菜遂成为广府菜重要的分支。明朝时，当地因发达的基塘农业而成为珠三角重要的农产区，食材的丰富令讲究饮食之风顺应而起。当时顺德许多富商家里都会聘请私厨，家中一日三餐或宴请宾客，都少不得精致珍馐。

清末民国时期广府菜扬名四海，粤菜酒家生意兴隆。一些身怀绝技的凤城厨师纷纷前往广州谋生立业。随着与海外交流更为频繁，顺德厨师们的足迹也不止于广州，而是遍布中国港澳地区以及南洋各地，"凤城厨师"也逐渐成为粤菜的一面金字招牌。

鲮鱼面，不过是顺德美食的冰山一角而已。今日我们更常见的则是制作成罐头的豆豉鲮鱼。殊不知，民国时期的顺德菜中有诸多烹饪鲮鱼的方法：清蒸鲮鱼、香酱鲮鱼、腌煎鲮鱼……最考验手艺的还要数酿鲮鱼。整条鱼骨起出后刮下鱼肉，加入马蹄、香菇、火腿等食材制作成鱼胶，再"酿"回鱼皮内保持完整的原貌，仿佛什么都没有发生。广府菜之工艺繁复，由此可见一斑。从初见时的寻常，到食用后发现内在宝藏般的惊叹，广府厨师们仿佛在不经意间为食客制造了不期而遇、惊艳于心的邂逅与浪漫，兴许更胜过招摇于市的高调吧。

象形点心：面点的美学

著名的象形点心，体现了广府人观照自然的美学。

"泮塘五秀"是广州酒家尤为擅长的象形点心，以西关泮塘名产"五秀"——茨菰、菱角、莲藕、茭笋、马蹄为原型创作而成。菱角以椰汁推成生熟奶黄入馅，椰香四溢；以莲蓉蛋黄为馅的莲藕酥，酥化香甜；茭笋以奶黄流心入馅，绵软甜糯；茨菰和马蹄则以瑶柱丝、虾米粒、冬菇粒、猪肉粒等搭配入馅，咸口甘香。

"五秀"相传由达摩祖师登岸"西来初地"后种植，被称为"五仙果"，也有说法是"泮塘五秀"原名"泮塘五瘦"，有五位秀才把"五秀"雅号赠予了"五瘦"，为爽脆蔬果注入文雅之气。这些"五秀"名字来历的故事为其增添了几分传奇色彩，虽然西关泮塘早已是闹市，如今也难以种植"五秀"，且这五种蔬果收成季节也各自不同，要集齐也并非易事。

当一盘精致玲珑、油润剔透的"五秀"点心跃然于碧绿荷塘之上，以荷花荷叶面塑点缀，呈现出一派"小荷才露尖尖角，早有蜻蜓立上头"的悠然意境时，顿时让人心旷神怡、眼前一亮，更有一口尝尽岭南之感。

"春蚕吐丝"是广州酒家最有新意的象形点心之一，它如何将岭南之春的生机勃发带上了广州人的餐桌？它用特制的水晶皮包裹着青翠欲滴的内馅儿，像一只只丰满莹润、憨态可掬的蚕宝宝匐匐在桑叶之间，摆盘则营造出桑树林木之景，来自大自然的清新感顿时充盈着整间屋子，一片盎然生机。

轻轻捏起叶片两端，便将一只蚕宝宝"提溜"进了碗里。近距离观察之下，它显得越发栩栩如生，不仅表面刻出了蚕身上的环纹，还用巧克力酱点上了一双"眼睛"；银白拔糖丝极具艺术感地缠绕着，飘逸的质感正如同蚕丝一般。舌尖触及时略带凉感，令人倍感醒神。

泮塘五秀象形点心

春蚕吐丝象形点心

水晶皮的口感比虾饺皮更加有嚼劲，而那青色的内馅则清香甘甜，在口中引起几分绵沙的触感。细嚼过后才让人恍然大悟：这不是香草绿豆沙的味道吗？惊喜之中满是熟悉的回忆。

经典广式糖水"香草绿豆沙"，恐怕是每个广州娃的童年回忆。每到夏季，家家户户便会煲起这道绿豆沙，用以清热解毒，消暑养生。甜甜的豆沙中隐约透出一丝香草独特的气味。说起香草，亦有人称为"臭草"。并非广州人香臭不分，只是食物之多样性，有人甘如蜜糖，有人却视如砒霜。香草有一股浓郁奇异的气味，即使是广州本地人也并非都能接受。但绿豆＋香草，的确是最为经典传统的配方，这两种食材搭配在一起，不仅能缓和香草的浓烈，还可以增强清热解毒的功效。

而要将这绿豆沙从糖水变成可塑性更强的馅料，厨点师则借鉴了老字号利口福的豆沙馅制作技艺。豆沙馅有"甜馅之后"的美称，在广式点心中处处可见。无论是经典的豆沙包，或是其他酥点、糍粑、月饼、汤圆，广州人都十分偏好这口豆沙。豆子首先经过泡制、蒸煮，并且手工碾碎、多次过筛，去除硌嘴的豆壳儿，最后达到绵密细腻的极致口感，在齿龈与上腭之间缓缓释放出别具一格的韵致与滋味。

而另一道"象形红枣包"则包含着更深一层的巧思。初见时，这颗"红枣"正静静地躺在颇具艺术感的盘子里，色泽鲜红明艳，却又透着几分温厚可爱。表面的纹路和深褐色的枝柄，看起来无比逼真。

这小巧玲珑的体量正好可以用两指轻拿起来，对于宴席上的女士们而言，吃起来不仅免去了大张其口的尴尬，也不至于过饱过腻。从中间轻轻撕开一个小口，只见深红色的细腻内馅略似豆沙馅，一缕白色热气缓缓飘出，夹杂着一股甜香。送入口中时才发觉，这内馅竟也是用红枣制成的，浓郁的枣香味带来了满满的幸福感。而来自红枣本身的微酸则在甜味之后才缓缓释放，使人丝毫不觉得甜腻。

想起唐朝禅宗大师青原惟信曾提出过参禅的三重境界：未参禅时，见山是山，见水是水；有所悟时，见山不是山，见水不是水；大彻大悟时，见山还是山，见水还是水。这道小小的红枣包看似红

象形红枣包

枣，其实不是红枣，吃起来还是红枣，不正给人这样的启示么？

制作这样的象形点心需要花费大量时间和心思，厨师们如何以匠心巧手捏出这栩栩如生的造型？其实红枣上的纹理是巧用锡纸的褶皱印上去的，不规则的纹理适如其质，避免了生硬感。

正如苏轼笔下的画家文与可画竹："必先得成竹于胸中，执笔熟视，乃见其所欲画者，急起从之，振笔直遂，以追其所见，如兔起鹘落，少纵则逝矣。"[1]于厨师而言，体悟自然精髓之后，创作时才能成竹在胸，形之于物，而食客则有幸从食物之中、从另一种视角里见出天地万物。

[1]　出自宋苏轼《文与可画筼筜谷偃竹记》。

得閒飲茶

二

常言道："一日之计在于晨。"老广州人的一天要从一顿悠闲惬意的早茶开启。得闲饮茶，一盅两件①尽显岭南人情味。在氤氲茶香中，老广们一边"叹"（粤语，意为享受）着琳琅美点，一边谈天说地，践行着"浅尝辄止"的生活哲学。

老字号广州酒家坐落于广州老街文昌南路的总店，是诸多老广喝早茶的至爱。天蒙蒙亮时，门口已经排起了井然有序的长龙，待酒楼大门一开，食客们便会鱼贯而入，熟门熟路地奔赴自己最心水（粤语，意为喜欢）的老位置。偏偏老广喜欢穿人字拖——这实在不是"百米冲刺"的好助力，一不小心在奔走的途中甩"飞"了拖鞋，才叫人心焦呢。只有安心坐下来的瞬间，踏实感才油然而生。叹一口温热的香茗，口中缓缓回甘，邻桌的老面孔微笑着寒暄，熟悉的服务员迎前问候，所谓幸福皆有了证词。

"六姑早晨！今朝食乜嘢？"（粤语，意为"六姑早上好！今早吃什么？"）广州酒家二楼正对着五彩满洲窗的一张圆桌边坐着一位老人，头顶胜雪，眉眼如月。从未嫁时至今70多年来的每个早晨，但凡广州酒家开门营业，她必定会前来，如同赴一场经年之约。除了寻一处自在与享受美食，更似坚守——于此地、于斯人、于旧时光。

从六姑所在的座位望出去，可以看到酒家内部竟别有洞天。中空的部分，擎起一顶"绿伞"，原来是一棵已逾百年的细叶榕，从民国时期保护至今。这是岭南十分常见的树种，有着又长又细的气根，枝干古朴苍劲又险趣横生。与树同高的墙角飞檐与雕栏亦透着精致典雅之美。树下则是一池碧水与青灰石凳，宛若进入了岭南世

① 饮广式早茶的代称。"一盅"指一壶茶，"两件"指两笼点心。每天清晨，广东的茶楼往往座无虚席，人们悠闲地边饮茶边吃点心边聊天，是岭南的一种饮食文化。

老广们在大榕树下叹早茶

家的园林深处。广州酒家这栋三层小楼始建于民国，曾因战乱损毁而重建，于20世纪80年代又进行了翻修，才成就今日这画中胜景。

而在民国京沪[1]，广式茶楼的重要影响也是不言而喻的。《上海竹枝词》中有云："茶寮高敞粤人开，士女联翩结伴来。糖果点心滋味美，笑谈终日满楼台。"上茶楼叹早茶不仅仅是一种日常享受，更是重要的社交活动。当时的南京、上海都是重要的政治经济中心，商人买办、文人名流们往来应酬，大都喜欢选在茶楼。雅致的环境，配上精美点心与香茗，天下时事尽在席间，颇有些"煮酒论英雄"的意趣。

也正是得益于广式茶楼在京沪的兴盛，店家们为了增加收益、扩大销售，茶楼除了供应茶点还有烧腊熟食乃至热菜肉食，无所不有，茶楼与酒楼便逐渐融为一体。后来，在民国菜系之争中，粤菜也因而获得了长足发展的平台，伴随着文人笔下的"食在广州"之谈，迅速在京沪竖起了大旗。

但在茶楼发源地广州，老广更多是将叹茶作为日常生活。饮早茶，已成了一种生活习惯，也是冲着点心之美味而来。光是点心的起名，老广就费尽了心思，按着点心单上的名目一条一条念出来，一定很快就会忍不住咽口水：碧玉白兔虾饺、五宝鱼籽烧卖、雪映流沙包、鲍汁鲜竹卷、鱼翅黄金糕、状元及第粥……在点心还未端上桌前，食客们大可依着这些雅致生动的描述，在脑海里尽情发挥想象。当然，端上来的成品也必不会令人失望。面对这些颜值奇高的点心们，一见钟情，相见恨晚，乃至念念不忘的事儿时有发生。带外地的朋友去喝早茶，着实能让他们大饱眼福口福，大呼："广式点心，诚不欺我！"

广式点心最大的特质就是精致玲珑、种类繁多。早年间茶楼都是由伙计端着大大的蒸笼走到桌前，由食客们自行挑选。每一小碟不过一两件点心，且个头小巧，配上一盅茶或一盅饭，所谓"一盅两件"，这就必然要求品种繁多。于是，颇有生意头脑的广州人便想出"星期美点"的经营方式，将已有的和创新的点心品种以"周"为周期不断轮换，并配合时令，务求造型、质感、味型、香味等都

---

[1] 指南京、上海。

有所变化。这样可让食客们始终能保持好奇心与新鲜感，酒家生意也因此长盛兴隆。

20世纪80年代以后，酒楼的经营条件改善，出现了一种独特的手推点心车，有一定保温功能的车厢里层叠着外观一致的小蒸笼，看不见里面是哪种点心，食客们点餐便如同体验开盲盒一样。浓白色的水汽氤氲着，车边围满了垂涎三尺的食客，个子矮的小孩也忍不住踮起脚尖探头探脑，眼巴巴地盯着一笼接一笼被掀开，默默祈祷自己想吃的点心尚未售罄。

每种点心都有自己的标签和对应的"身价"：从"小点""中点""大点"到"特点""顶点""美点"……价格昂贵的自然食材用料更为矜贵，但价廉者同样物美，不过是"萝卜青菜，各有所爱"罢了。

选好点心之后，服务员便会从口袋里摸出小印章，用力戳在单子上，以便最后计算餐费。有时候一大家子人上茶楼，便会收获一长串五颜六色、深浅不一的印戳，看起来就像是幼儿园老师奖励的小红花一般，颇有成就感。

叹早茶时常让人有心太大、胃太小的苦恼——满满一张点心纸上，每一样都如此诱人。而老广们则一边谈天说地，一边践行着"浅尝辄止"的生活哲学。但正如六姑所说，每天换着花样，每样点心只吃一件就足矣。老广也常言"少食多滋味，多食无回味"，对待食物更讲究的是细品滋味的过程，不仅有利于身体健康，更是为了给明天留下幸福的念想。

米面滋味：平淡日常中的无穷想象

尽管稻米制品在南方饮食文化中占据了主导地位，但广府菜向来有"北菜南渐"的特色，北方作物小麦以及相关的烹饪技艺，在广州这片美食的沃土中生根发芽，获得了新的生命。

麵（如今用简体字"面"），为小麦磨制的粉。用高筋小麦粉做原料，但在和面时加入鸭蛋液和陈村枧水①——这是广州厨师对"麵"的独特处理方法。制作出来的蛋面呈现出鲜嫩的鹅黄色，散发着浓郁的蛋香，口感更与北方面食截然不同。

若是北方友人在广州想要吃一口面，最应该去尝尝广州特色的竹升面。除了对和面的食材进行调整，竹升面的擀面过程也十分令人大开眼界。和好的面团放在竹竿一端下，竹竿一端被固定，师傅则用腿压坐在另一端，通过杠杆原理不断来回摁压面团。这套操作仿佛江湖人习武一般精彩，其制作出来的竹升面细若银丝，却相当筋道弹牙。

广东人在竹升面的基础上还创制了伊府面（伊面），这是出自广东名流府邸的一道传世美食。清代重臣，同时也是书画艺术鉴赏家的伊秉绶曾在惠州任知府。他的家厨学会了广州这种加入鸡蛋、陈村枧水，用竹竿压面条的技法，但有次误把渌熟（粤语意为煮熟）的面条放进了油镬。由于宴客时间紧迫，家厨急中生智，用汤水直接烹煮这种被炸过的面条。没想到，这种松而不化、胀而吸味且爽滑香口的面条，竟然获得了伊秉绶和宾客的赞赏。后来伊秉绶因与上司争执而被贬谪，离开惠州，伊府家厨也流落至广州，这道独门的面食便在市井流传开去，后来被命名为"伊府面"，简称为"伊面"。

---

① 一种碱性物质，又称为"食用枧（碱）水""草灰水"等，因以顺德陈村最早生产，且品质最佳得名，可在食品原料加工制作时起到软化肉类，使蔬菜变得更加翠绿、软嫩等作用。

伊府面的食法相当讲究，秘诀在于用上汤浸煮，而且火候和时间的把握要相当恰当，加以韭黄、虾籽拌食，更为提香惹味，口感丰富。

广州人还喜欢用同一种配方制作云吞皮、饺子皮和烧卖皮，正可谓有触类旁通的智慧。饺子、烧卖、云吞这些本是北方饮食中的代表，如今在广州早茶中却以全新面貌示人。这里必须说说面与云吞的神组合、老广们的至爱——云吞面。在广州、珠三角与港澳等地的城镇街巷中，总能不时邂逅大大小小的云吞面店，有人甚至说，世界上只要有粤人的角落就会有云吞面店，其受欢迎的程度由此可见。但老广们常常会叹息，做得好的云吞面总是凤毛麟角。

一碗称得上心水的靓云吞面，要云吞、面、汤三者各自精彩又互为协调才算精品。云吞是老广们的叫法，其实应归类为馄饨，只是这馄饨叫云吞后尤为讲究。

云吞主要有鲜肉云吞和鲜虾云吞。以鲜肉云吞为例，首先，云吞皮要在做好的全蛋面皮基础上，再用面棍反复擀压至皮薄通透而不穿烂；其次，馅也十分讲究，要用洗净晾干的鲜肉块切成小颗粒，加上浸发后切粒的冬菇，再用瘦肉下盐拌打至起胶状，能黏手，然后一起搅拌均匀，再拌入蛋黄浆液，工序复杂细致，不可苟且。至于汤，要用生虾壳、大地鱼、猪大骨一起猛火煲熬几小时才够鲜够味，煲汤时虾壳要用布袋包住，以免汤中留碎渣影响口感，有的还加上火腿骨一起煲，鲜上加鲜，更为惹味。而煮云吞面的过程又心急不得，水温不宜太高，才能使面皮和馅料熟度一致，否则皮烂而馅未熟是一大忌。此外，云吞好、面好固然重要，点睛的是汤底所加的韭黄段粒，鲜爽之余更为吊味又丰富口感——可谓灵魂伴侣，如加其他蔬菜又是一忌，因为不仅常会味感不协调，还会因含水分多而分解了汤味。

说到蟹肉灌汤饺，一笼仅有一只，但一只将近巴掌大，给人视觉上的强烈震撼。米黄色的外皮与虾饺、粉粿的晶莹透亮截然不同，温吞、内敛的气质中却又带着几分精致。用底下垫着的点心纸将整只饺子提起，只感觉到汤汁不断流动、震荡外皮的力道，让人心都悬到了嗓子眼。

这道灌汤饺是由广州酒家第一代点心师、20 世纪 30 年代省港澳"四大天王"点心师之一禤东凌对原本来自北方的灌汤包改良而成。饺皮褶皱匀称大气，呈现佛肚形，免去了灌汤包顶部面团厚而韧实且易夹生的问题。顶上的一小撮姜丝以辛辣刺激味蕾，搭配的陈醋融入了些许酸的劲道。咬破外皮的一瞬间，食客就能感受到皮的光滑与张力。微烫的汤水顿时汩汩流出，浓郁鲜香的蟹味扑鼻而来。内部饱满的新鲜蟹肉、香菇粒、鲜虾仁与少量猪肉糅合，一只饺子便呈现出广州人对鲜最极致的诠释。

灌汤饺唯一的美中不足，便是少了些分享的乐趣，而鱼籽干蒸烧卖则恰好弥补了这一不足。

从北至南，烧卖在中国各地都有类似的存在，有"烧麦""烧梅""稍麦"等近音、不同字的名字。作为一道历史悠久的点心，烧卖最早的记载出现于元代，从北方传入广东后影响力日盛，还被列入广式点心"四大天王"之一。

北方的烧卖多为牛羊肉或糯米馅，而广式的烧卖则少不了广州人最爱的虾，最经典的干蒸烧卖就是猪肉与虾肉的搭配。一只只烧卖腆着圆鼓鼓的花樽形小肚腩，经过烫皮工艺处理的蛋面皮十分有劲儿，仿佛给烧卖穿上了一套西装，让它们正儿八经地端起"天王"的架子。烧卖的外皮包裹着肉馅，顶部开着褶子花，露出一只肉质晶莹的大虾仁，上面还缀着一小团橙红的蟹子。内部的猪肉则是肥瘦相间，不干不腻，恰到好处。

相比茶楼里精致的烧卖，在广州街头的早餐档更容易见到的是普通的猪肉烧卖，失去了虾仁和蟹子的加持，价格也变得亲民了许多。一些赶时间的学生或上班族为了赶早班车，早餐不得不经常在路上解决，一笼六个的小烧卖便是上佳选择，不仅十分耐饿，而且不似虾饺那样矜贵，只需用小袋子拎着就可以潇洒出门，也无需担心汁水流得到处都是。两口一个，便能收获满满的饱足感。在广州，对于不同的场景、不同的需求，总有相应的美食为你提供不失生活品位的解决方案。

猪手伊面

干蒸烧卖

肠肠久久：开启一个鲜香嫩滑的早晨

广州被誉为"羊城"，简称"穗"。早在岭南尚为百越之地时就有"五仙骑羊赐穗"的传说，大致是说，周朝南海有五位仙人，穿着五色衣服、骑着五色羊，聚集于楚庭，并各以谷穗留赐州人，并有"愿此阛阓，永无饥荒"的祝福语。所谓"南海""楚庭"，后来都特指广州。

清代学者李渔在《闲情偶寄》中写道："南人饭米，北人饭面，常也。"无论是瘦削的籼米、圆润的粳米，还是独特的糯米，广州人对于大米制品的执着可谓刻进了骨子里，各种"粉"食便是证明。

清晨的广州街头，几乎每条路上都能看见不止一家早餐档前有冒着浓浓雾气的铁皮箱，那便是在制作广州人最热爱的早餐之一——肠粉。当下，为了适应上班族的生活节奏，早餐档往往采用一种抽屉式蒸箱蒸煮，加快肠粉的出品速度。但若要寻找更为传统的技法，还是应该去茶楼或一些老字号肠粉店品尝"布拉肠"，花点时间等待也是值得的。

"肠粉"也叫"拉肠"，是形容制作肠粉时的动作。一手舀起米浆利落地浇在网格承托的布上，快速地平铺均匀，放上各种馅料，盖上。热气腾腾中，只需要等待一两分钟，揭盖，米浆便已经凝结成白润的粉皮，食材也同时烹熟。用刮板轻柔地从布上刮下粉皮，这一步必须小心，否则底皮就会破损，再麻利地将粉皮一推、一叠、一斩、一铲、一送，光润饱满的肠粉就完成了。店家以最快的速度端到食客面前，热气未散，食欲顿生。

由于制作工艺的不同，抽屉肠与布拉肠在用料、口感上也不尽相同。用布制作肠粉，需要考虑到布本身的柔软，对大米的品质选择和调配处理要求更高，以免在拉的过程中扯破粉皮，布拉肠也因此更爽、滑、弹、韧，粉皮更薄透。

在茶楼里吃到的布拉肠则更讲究美观，就说"香茜牛肉肠"，

香茜牛肉肠

馅料铺放均匀，粉皮包裹时上薄下厚，切成长短一致的小件，齐齐整整地码在白瓷盘里。肠粉莹白半透，隐约可见内部牛肉的褐色与香菜的青绿，筷子夹起时颤巍巍，撩人心弦。肠粉与舌尖第一次相互触碰，两者都能感受到彼此那份柔软，连牙齿咀嚼的动作也不自觉地变得温柔了。大米的香甜在口中慢慢析出，紧接着是新鲜牛肉片的嚼头与肉香，当中还透出陈皮的甘香与芫荽独特的气息。而表面淋的带甜味的豉油，则赋予几种食材味道交融的空间，为肠粉的味道进行了一次整合与升华。

早些时候，食客常以为粉皮和内馅是肠粉的灵魂，而在一次次品尝的经验中才发觉，搭配肠粉的油和豉油更是不可忽视的细节。烧腊油为上，猪油次之，花生油再次。绝大多数店家会自己调配豉油，在头抽中加入鱼露、冰糖等，削弱生抽的咸，更好地衬托肠粉的甜，还能创造出有辨识度的滋味，让某些嘴刁的饕客念念不忘。

随着现代都市生活方式的变迁，肠粉制作方法也必须不断改进。最传统的窝篮拉肠逐渐在都市快节奏的发展中销声匿迹，就连寻找最正宗的布拉肠也要费一番功夫。但无论如何，肠粉始终是广州人心中的白月光，任何一个以肠粉开启的早晨都值得期待。

如今茶楼师傅们也在不断与时俱进，在传统肠粉的基础上创新了鲜虾红米肠，一时间风靡广州。初次品尝这道点心时，实在难以联想到传统肠粉：表皮加入了红曲米着色，宛若少女面上的绯红般令人心动。一口咬下去，透过表皮的柔韧，感受到中间金黄香脆的网纹皮，不免心旌荡漾，最里面包裹着的虾肉，鲜甜而弹牙，多重口感彼此碰撞。在传统之中又能有如此想象力的发挥，广式点心的丰富多变，可以说在这小小一块红米肠中展现得淋漓尽致。而生活本身也同样需要用心经营，对美食适时地加入新鲜感，方能超越日常之平淡，变得活色生香。

除了肠粉之外，广州西关还有一道著名小吃濑粉，亦是米制品的代表。"濑"字在《说文解字》中的释义是"水流沙上"，用于这道美味的命名再形象不过了。过去人们将冷饭晒干磨成米粉，和成米粉团后放入架木槽挤压，粉条便会顺滑地从槽孔中"濑"出，如白色流沙般坠入锅中沸水，慢慢定形，再"过冷河"（过冷水）以保鲜。

鲜虾红米肠

西关濑粉

除了制作技艺的讲究，濑粉的食材搭配也可以丰俭由人，满足人们多元的需求：朴素的用猪油渣、鸡蛋丝，奢侈点则加虾米、干贝、鱿鱼丝、烧鹅等。濑粉出锅之前，撒上芫荽、姜丝、头菜碎、炸花生米等，赋予其复合的滋味与口感，而佐配的剁碎指天椒则为爱辣者吃濑粉开启了另一重野性与刺激，味蕾绽放，胃口大开。

汤底要又浓又清，这两条看似矛盾的标准在濑粉中却能兼容：用老鸡、瘦肉、脊骨等熬汤，鲜味十足却不见油脂漂浮。濑粉出锅之前则要为其勾芡，使之入口更滑更润。而濑粉的口感比肠粉更具韧性，米的质感更厚实。包裹在米浆汤中的濑粉仿佛长腿了一般，往往在你不经意时从匙羹间溜走，还会俏皮地"甩尾"，在你脸上、衣襟前留下几滴汁水。

在西关，还有一种古老的濑粉——水菱角，就是用筷子在"濑"的过程中轻轻挑开粉团，使之呈现出两端尖角，犹如西关特产菱角的模样。而从西关延伸开去，在广东各地都能找到濑粉的踪迹，中山、深圳、佛山、江门恩平、东莞厚街……在浓郁的汤中若隐若现的粉条，宛如羞涩的邻家女孩，用面纱遮着饱满细腻的容颜，彼此依偎环抱，令人感到心中柔软。

饮一碗温润的粥，开启一个忙碌却丰盈的早上，对于许多老广来说是每日标配。哪怕近些年来西式早餐愈发流行，面包配牛奶成为更加方便快捷的选择，许多人仍觉得似乎不如一碗粥来得舒服熨帖。

广东的粥，不同于北方的稀饭。北方人多煮素粥，喜欢用谷、豆等粗粮，顶多加入一些植物作为粥料，或许是北方米香醇厚的缘故。粤人煮粥则用料丰富，菜干、皮蛋、肉类、海鲜，应有尽有。

广东人自然也喝白粥。它最适合大众口味，平淡软绵，清爽可口，然而天天吃，难免有些审美疲劳。因此，广府粥品喜欢增添些配料，熬煮出滋味来。味道丰富的"状元及第粥"，名号响亮，也堪称广式粥品中的状元郎。

被端到桌上的及第粥，已熬至极为绵软，几乎不见米粒。水米交融，如同太极流转一般你中有我，柔润合一。因加了调料、食材调味，粥底便略显出淡黄色泽。以小勺舀起品尝，粥底绵滑入喉，

淡淡的米香与肉汁的鲜香味则在口中弥散开来，家常而不失细腻。

及第粥主料为猪肝、猪肉丸和猪粉肠。猪肝要达到爽脆柔嫩的口感，需要把控在刚熟而不至于过老的时刻，前后不过半分钟。否则，鲜味流失，口感也变得老涩。及第粥中的猪肉丸有时也用瘦肉，煲得软滑入味，入口爽嫩。猪粉肠，即与猪胃相连的前段小肠，肉壁更为厚实，柔韧有嚼劲，带有粉状口感。

在满含肉质的一碗粥中，有时还会配上枸杞叶之类蔬菜点睛、去腻，恰到好处。粥料伴随着粥米一同入口，幸福感也如潮涌一般，一点点漫上心尖。

说到这里，是时候揭开及第粥背后的故事了。状元及第粥，自然与状元逸事有关，不过其来源众说纷纭，以至于曾有学者专门撰文考证。

有一种说法是，及第粥与明朝南海状元伦文叙有关。他小时贫苦，一家好心的粥店主人每天送他一碗粥喝，可能是猪肉丸粥，或是猪肝粥、猪粉肠粥，或悉数放入三种粥料。伦文叙高中状元后，重回粥店感谢主人，并请店主重熬一碗放了猪肉丸、猪肝、猪粉肠的粥。品尝着那一如当年的滋味，伦状元感慨万千，便将其命名为"状元及第粥"，粥店也因此名声大振。

另有人则认为，清朝状元林召棠喜爱吃含有猪肉丸、猪杂的粥，他的饮食习惯随着状元名号传开了，便引得人人效仿。还有一个更为不经的传言，讲一个广州肉贩，只认识"猪肉、猪肝、猪粉肠"七个字，却误打误撞高中状元。这样的来由想必不可信，倒足以博得茶余饭后一乐。黄天骥教授还有一说，他在《岭南新语》中写道：

> 丸，粤音与状元的"元"同；肉材还有牛膀。膀，粤音与榜眼之"榜"同（不过牛膀无味，后改用猪肝了）；再用些猪肠或猪腰子，切成花状，便算和"探花"有联系。

诸种说法大相径庭，但也有重合之处，即都尽力将来源与粥料猪肉丸、猪肝、猪粉肠联系起来，这也与食材本身有关。及第粥所选用的猪内脏，粤人称为"下水"，将这一诨号直书于菜谱上不甚雅观，因此无论是"状元"的命名，还是用谐音转义法换称"及第"，都是为了把难登大雅之堂的食材包装一新，吸引力也随之攀升。

这些命名的故事，也为一碗粥倾注了美好的寓意。因此，重要考试之前，广州学生仔们点一碗及第粥做早餐的概率大为提升，且不论能否博得一个好彩头，一碗及第粥下肚，总能为学生的脑力运转提供不少能量补给。

广府粥主要分熟料粥与生滚粥两种。熟料粥即配料与粥底同时煲熟，生滚粥则是用沸腾的粥将配料烫熟。及第粥多采用生滚的做法。生滚粥中最负盛名的就是艇仔粥。舀起一勺滚烫沸腾的粥，直朝着摊在碗底的粥料浇下，切得薄薄的鱼片、鱿鱼丝、浮皮、叉烧片、姜葱当即烫熟。加上调味料搅拌，一碗鲜美的粥品制成，其味丰盛而立体。

无论是煮哪一种粥，广东人对粥品口感的追求都十分讲究。白粥是否清香爽口固然重要，要煮好味粥，煲好白粥底也十分重要。要熬得米粒开花，溶解出富于淀粉的米糊，米浆汁水或清澈，或稠密，洁白如乳。水与米的配比如何恰到好处，全靠经验，也可以根据自家人的口味偏好自行调节。讲究的还把米沥干，加猪油搅拌均匀，用猛火、大火、中火、小火在不同时段调节，整个煲粥的过程处于明火状态，使粥煲好后米粒胶化，水米交融。煮开了锅，满屋粥香四溢，熄火之后焖上一会，上面便覆着一层薄薄的粥皮，纯净透亮。

不少人吃粥时，还会配上一种小吃——煎炸成的薄脆。绵滑细腻的粥，辅之以干脆焦黄的薄脆，如同相得益彰的两位伴侣，让平常的早餐也吃得满口生香。薄脆浸泡起来吃，则有些湿软，少了几分火气；热气腾腾的粥，蘸了表层的薄脆，便也不那么烫口。广州人讲究生活节奏，将日子过得张弛有度，在这早餐配料的常例与变化中便可见一斑。

蒸蒸日上：鲜甜与柔韧之间

人们常说，广式点心有"四大天王"：虾饺、烧卖、叉烧包和蛋挞。皆因在过千款广式点心中，这四款点心的点击率非常高，在全国的知名度、传播力也非常强，而且食材也显得较为高端，早年间并不是所有人家都能有此口福。其中虾饺被列为首位，"王中之王"的尊贵身份可想而知。在粤点厨师的考核中，一只只弯梳形、蜘蛛肚还有十二道褶花的虾饺，是最具权威的评判标准。有一种说法是，假如去到某家新茶楼"探店"，只要点上一笼虾饺，就能基本知晓这家点心的水准。

虾饺的历史在文献上并无记载，但根据众多行业前辈口耳相传，应该始于清代中后期。关于虾饺的来源有两种说法。一说是 19 世纪 20 年代由广州海珠区五凤村村民首创，原因是五凤村内河涌交错，鱼虾很多，村民对河鲜的食法花式多样，不断创新。有人便将新鲜河虾剥壳，用米粉皮包裹后蒸熟，这一小食后来被引入酒楼茶馆，并逐渐演变为似一把弯梳的精致模样，定名"虾饺"。

而另一传说则与晚清时居于广州的世界首富伍秉鉴有关。广州人烹食河虾之风由来已久，这种味鲜甜而肉爽脆的食物亦深受伍秉鉴青睐。由于伍秉鉴祖籍福建，喜食蒸饺，又有"吃晏"（午后茶点）的习惯，家厨便精心制作了一款以河虾为馅的蒸饺供主人享用。现在粤菜中著名的以河虾为原料的百花馅，也是始创自伍家家厨。

伍秉鉴的家厨在制作中求变，不单纯用面做皮，而是以澄面做皮。澄面是广式点心中相当有代表性的一种原材料，多用于制作点心皮，是小麦粉去筋之后的细末。小麦制品应当算是北方面食之长，澄面之创新，亦见证着北方菜系在广府菜中的本土化。伍家厨师有一秘籍，是在澄面制作时糅合猪油，使之由干涩变得润泽爽滑。

腾腾热气散去，一笼三只精巧浑圆的虾饺才露出了真面目。半透明的表皮看起来吹弹可破，其中鲜嫩的粉色隐隐约约，诱惑力十

虾饺

足。一道道褶子之间宽窄均匀，捏合之处则微微翘起，显得标致又俏皮。表皮的弹韧度相当惊艳，即使包裹着沉甸甸的馅料，在筷子用力之处也完全不破不穿，完完整整地来到碗中。咬开外皮的一瞬间，伴随着少许微烫的汁水，一股浓郁的鲜甜灌入口中。

而虾饺馅儿中的笋丝，也是不可忽视的。《吕氏春秋·本味》中就记载"和之美者：阳朴之姜，招摇之桂，越骆之菌"，所谓"越骆之菌"，指的就是古时两广地区所产的竹笋。民国的粤菜食谱中，以笋入馔烹制河鲜、海鲜亦十分常见。虾肉的弹牙与笋丝的爽脆相得益彰，荤素两种极鲜的食材相互碰撞，将虾饺之鲜带入了新的境界。

如今，虾饺也在点心师傅们的头脑风暴中不断创新。20世纪30年代的"点心状元"罗坤师傅，首创了一款绿茵白兔饺。虾饺与象形点心的理念结合起来，使平凡的"饺子"摇身一变，成为栩栩如生的白兔，美味之余亦是艺术。

而广州酒家则推出一款金鱼饺，从面皮本身就下足了功夫。澄面先和好，逐渐加入胡萝卜汁揉面、混色，模拟出金鱼身上的橙红色，再以芝麻点缀作眼睛——一尾尾"小金鱼"畅游在"碧波荡漾"的盘子里，仿佛呼应着酒家里的池塘风景。

粤点师傅常言"三分制作，七分加温"，制作手艺仅仅是前一部分，加温时的温度与时间精准把控，则是最终的决定性因素。就如金鱼饺，假如稍微蒸过了时间，表皮便会水汽过多，颜色之鲜艳、口感之软弹皆会大为受损。

虾饺既是粤点之王，更是绝大多数广州人喝早茶的必点款式。每次知己好友相约茶楼，总要点上一笼虾饺赏味，否则心里便觉得少了些什么。久而久之，也就能比对出茶楼之间虾饺的差异：皮够不够弹牙，虾够不够新鲜，内馅是否饱满，是否放入芹菜或莴笋粒增加清香味，等等。

而在粤点行业内还有一种说法，认为虾饺皮的澄面是北方小麦制品的代表，粉粿（当时也称"粉角"）的皮，则代表南方稻米制品。

粉粿相比虾饺虽少了几分名气，却有着更为悠久曲折的历史。在明末清初时，粉粿就已成为广州地道小吃了。民国时，粉粿在广州以十八甫茶香室的最为著名，据说是当时一位名叫娥姐的自梳女

（终身不嫁的女性）所创，因此如今茶楼也大多称之为娥姐粉粿。

《广东新语》中有记载："平常则作粉果，以白米浸至半月，入白粳饭其中，乃舂为粉，以猪脂润之，鲜明而薄以为外。茶蘼露、竹胎、肉粒、鹅膏满其中以为肉。"后来，由于粳米制作的粉粿皮口感过软且容易发霉，无论是造型口感还是保存条件都不尽如人意，人们便将籼米加入，一同舂成米粉，又称为"晒饭粉"，表皮口感更有韧劲，也更加坚挺，便于造型。

而粉粿的馅料则没有固定，许多茶楼都有不同的配方。透过晶莹光润的外皮，可以隐约瞅见青的也许是香菜、韭菜或萝卜缨，黄的则是花生、榄仁、鲜笋或干贝，橙红的是胡萝卜、火腿或虾仁，白的是沙葛，黑的则是菌菇……讲究颜色缤纷，味道与口感层次丰富。

虽然从外部看，粉粿与虾饺都晶莹剔透，但吃进嘴里便能察觉出内在的差异。澄面之妙在于口感爽滑弹牙，而粉粿皮则是柔软中暗藏些许韧劲，而且慢慢咀嚼便可尝到其中大米的浓郁香甜。

有时候一桌子点心让人应接不暇，低调的粉粿便容易被忽视。不过这样一来却也有意外发现：粉粿皮即使冷食仍然能保持足够的水分与柔韧度，倒不似虾饺，晾凉之后总略显艮硬。如今，许多酒家在制作粉粿皮时，往往会掺入番薯粉或澄面，通过不断调试改良，营造出不同的质感。坚守传统古法也好，创新改造也罢，老广食客最擅长"用脚投票"，心中有杆秤在，一尝便有数。

步步糕升：多元口感的好意头

广式茶楼的点心单上，绝对少不了一栏——"步步'糕'升"。糕点是广式茶点中重要的一大类，喜欢好意头的广州人则以谐音为之赋上了这样一个美名。而广式糕点实际上还包含了丰富的品种，点心师用不同的原材料创造出多元的口感与味道，难怪老广天天叹茶都绝不腻味。

咖啡千层糕乍一听像是现代创新点心，但实际上诞生于民国，算是点心中资历颇深的经典款了。广州作为近代中国最重要的通商口岸，最早接受了西方文化的影响。西餐与咖啡作为西方饮食风尚的代表，也在广州落地生根，并接受了本土化的改造——咖啡千层糕正是有力的例证。

咖啡色与奶白色均匀相间，每层的厚度都在 2 毫米以内，层层叠叠之间，别有几分美学意蕴。制作这样的千层糕，师傅需要在模具中交替倒入两种不同的浆液，每一层叠加都需要等待足够的时间，不断重复这一步骤，直至累积到令人满意的厚度。可见成就美味仿佛江湖人士修炼一般，不仅需要苦练技艺，更需要时间与耐性。

咖啡千层糕切成同样的菱形方块，用古朴雅致的红木食盒装盘，二者颜色相近，十分和谐，却又给人带来古典与洋气的碰撞感。用勺子盛着整块送进口中，微凉的感觉从唇边、舌尖沁入心脾，令人一下子神清气爽，紧接着便感受到它的极致嫩滑，在口舌之间几乎没有摩擦力。咖啡浓郁的香气率先充盈口鼻，接着甘、醇、酸、苦与椰汁的甜慢慢释放出来，令感官应接不暇。

这种如同啫喱般极致的弹滑口感，是用鱼胶粉创造的。尽管没有加入糯米粉之类的黏性食材，糕体却仿佛有魔力一般紧紧相连，在咬合力作用下，又以某种不易察觉的张力"推"开彼此，在口中分离之后还能保持镜面般的光滑平整，实在是别有趣味的体验。

相比起带着西洋风味的咖啡千层糕，广州最接地气、寻常可见的糕点还要数萝卜糕与芋头糕这一对"煎糕孖宝"。清末及民国时期，最早的茶楼也称"二厘馆"，为底层劳动者们提供茶水和价廉而饱腹的点心，萝卜糕与芋头糕就是最受欢迎的代表。

选用粘米粉制作糕体，口感厚实，软中带韧，细细咀嚼，能尝出米的香甜。萝卜和芋头都是极为家常的食材，价格亲民，也不大挑季节。但后来的茶楼逐渐高端化，对食材也更为挑剔，萝卜只要最中心的部分刨成丝，芋头则最好选用荔浦芋头才够粉糯，芋香十足。放入爆炒过的虾米、香菇粒增鲜，咸中微甜的广式腊味则带来了丰富的油脂，能让这两款糕点获得更多层次的升华。

尽管它们看起来有诸多相同，但绝大多数老广心中都会坚定地偏爱其中一方。原因就在于，这两款糕的口感和味型实际上截然不同：萝卜水分足，使糕体含水而丰润滑嫩，而且多以胡椒粉搭配，不仅能去除萝卜的湿气，更带来了馥郁辛辣的味道，让性情温吞、湿漉漉的萝卜糕瞬间有了精神气；芋头含水量低，且容易吸收腊味中的油脂，使糕体粉质感强而甘香爽口，以五香粉搭配，又使芋头糕在朴实之外更多了几分华丽。萝卜糕的柔软水感，或芋头糕的干香粉感，本质上是两种不同的性质。

著名学者和书法家陈永正讲过一个故事：早年他们一班学生每年的大年初一都会到老师朱庸斋的府上拜年，其间最难以忘怀的是那道必吃的萝卜糕，风味口感与社会上的截然不同。后来朱庸斋的女儿回忆，才揭开其中奥妙。她说你们倒是吃得开心，美味背后的耗心耗力与执着，个中细节你们却未曾了解。原来朱师母出自番禺卫涌卫氏大户人家，其萝卜糕的做法是家族祖传：粉用手磨，前后三次。做一次萝卜糕吃，前后磨两天，磨的过程不断用手翻拌揉捏，发现有粉头就再搓再磨，至于原料的挑选更是精益求精，萝卜的比例，加入的虾米、腊味无不精心选备。这种对食物执着不将就的讲究是渗透于血脉中的习惯，这种极致讲究的精英文化，在旧日时光中体现出的是人们骨子里那份由修养积淀而成的贵气。

在广式糕点中，不同的原料与烹饪技法创造出了丰富多元的口味，厨点师们的智慧更是令人折服。用泮塘马蹄粉制作的马蹄糕、钵仔糕，弹爽中带着清甜，看起来晶莹剔透，夏季吃尤其清心解暑；

萝卜糕

芋头糕

以籼米粉为原料，并且进行发酵处理，就变成顺德著名的伦教糕，在清甜中还带着发酵后的微酸与甘香，滑软中包含着韧性；用中筋小麦粉发酵制作成的传统的马拉糕，则带有浓郁的蛋香，发酵产生的气孔使之变得松软；用糯米粉混合姜汁制作成的姜汁糕，有着年糕一般柔韧绵延的质感，渗透出姜的浓郁辛辣与红糖的甜蜜……

不同的糕点还可以用不同的烹饪方式加工，给食客们带来不同的体验。蒸糕能最大程度地保持材料的原汁原味，煎炸则赋予它更浓烈的油香与酥脆的口感。如今许多茶楼别出心裁地改造传统点心，开辟出一方方点心界的新天地，比如要是吃腻了传统的蒸、煎萝卜糕，可来试试"避风塘萝卜糕"或者"XO酱炒萝卜糕"。再平凡的日子，有了这些美味带来抚慰与调节，也变得声色动人起来。

甜情蜜意：无法抵御的渴望

一份蛋挞配一杯港式奶茶，这样的下午茶搭配一度在粤港澳风靡，几乎成为都市白领的生活方式。疲乏困倦的午后，也因甜品的装点变得悠闲惬意了起来。

蛋挞，作为茶楼里的"四大天王"之一，其威名流传久矣。有人考证，20世纪20年代，广州茶楼食肆因竞争激烈，纷纷推出"星期美点"招徕顾客，蛋挞便是在这一时期应运而生的美味产物。直至40年代，香港的茶餐厅和饼店才姗姗引入蛋挞。

不过，若要论起真正的归属，蛋挞本质上还是一种西点。西方有一种小馅饼，馅料外露，在英文中写作"tart"，"挞"即是音译。中世纪时，英国国王的国宴上就出现了一种用蛋、奶、糖与面粉烤制出的甜点，蛋挞的雏形于此隐隐显现，而它最终在中英频繁交流的清末及民国时期被心灵手巧的粤厨习得，并加以改良，所以，蛋挞也称岭南鸡蛋挞。

食物讲究"赏味期限"，必须要在特定的时限内吃进口中，才能体会到滋味的顶峰。蛋挞的最佳食用时限尤其短，要趁着刚从烤箱里出炉、热度未减之时食用。此时铁盘上紧密排列的蛋挞如一座座膨起的小丘陵，金黄得晃眼。挞馅嫩滑圆幼，轻轻摇晃一下，就微微颤动起来。蛋浆要保证嫩滑度，蛋挞馅的稠度要控制好，水份少会使馅心硬实欠软滑，水偏多则凝固度差，会出现馅心下沉的情况。此外，烤制时间与控温有赖于娴熟的技艺和经验。蛋挞皮主要有两种：牛油与酥皮。牛油挞皮光滑而完整，稳稳地兜住内馅，口感如奶油曲奇，乳香与牛油交织；酥皮蛋挞则起一层层薄酥，最考验师傅功底。在松化酥脆间，舌尖能品出层次感，便算得上一流的蛋挞了。

拿起一枚蛋挞，锡纸仍有烫手的温度，其中包着的仿佛无价之宝。一口下去，饱满的欣快感同时升起。挞馅如同布丁般润滑，又

岭南鸡蛋挞

带有醇香，酥皮同时在口中化开，顿时奶香四溢。

回忆当年年轻单身的我，曾一时兴起，为了吃蛋挞辗转反侧，半夜起身踩单车从海珠区跑到惠福路买通宵出品的蛋挞，心急吃下的热蛋挞，烫嘴，却让人不忍停歇。酥皮的残屑撒下，也顾不得拂衣。蛋挞最适合在冬夜时吃，于巷陌小店购得，热乎乎地捧在手心里，为游荡在街头的行人带来温暖的慰藉。

蛋挞成为名点后，又流行起葡式蛋挞。葡式蛋挞与一般蛋挞的主要区别是葡挞内馅含有奶油，经过烘烤后，表面的焦糖呈现出黑色。尝之，则甜味丝丝入扣中带有焦糖味，蛋、奶香味浓郁又滑溜。

不少人吃过葡式蛋挞，却不了解它背后的故事。英国人安德鲁是其创始人，他在岭南鸡蛋挞的基础上，将英国与葡萄牙的糕点做法融为一炉，独创的葡挞也被他引入澳门，在他与妻子合开的安德鲁咖啡店中供应。然而他们的婚姻最终走到尽头，妻子玛嘉烈另起炉灶，改开玛嘉烈咖啡店，并将葡挞售卖到香港和台湾。

蛋挞从广州传到港澳，葡挞又从港澳袭来，征服广州人的味蕾，这让人不禁想起另一款经典甜品——菠萝包，它也是来自港澳的美食，至今已经在广州稳稳打下了一片江山。

20 世纪，香港茶餐厅、面包店竞争激烈，厨师们费尽心机，带着做实验般的严谨与好奇，在糖、黄油、面粉的组合配比中不断尝试。中式的起酥，加上西式的发酵，最终诞生出表皮酥脆而内里松软的菠萝包。

菠萝包一经面世，便深得人心。表层含有糖粒的酥皮虽然甜腻，但酥甜与蓬松柔软交融，正中嗜好甜食者的下怀。无数人如中了丘比特的箭，对这一口酥皮爱得死心塌地。不少茶餐厅在做菠萝包时，还会在里面加入一块黄油，做成"菠萝油"。冒着热气的包，夹着冰凉欲融的黄油，咬下一口便能体会到冰火碰撞带来的刺激感。经典香港动漫形象麦兜，便曾以"菠萝油王子"的造型出现，打动了无数观众。由美食化为情感形象，颇有巧思。

蛋挞与菠萝包均源于西点风味，却已经与其原初形态截然不同。粤港澳师傅别具匠心，创造出了焕发新生光芒的广式甜品，而广州与港澳间的频繁交流，也为美食的不断精进带来了无限可能。

在点心中，鸡蛋是最常见也最百变的食材之一。它可以制作成西式甜品蛋挞，也可以变身为广式传统点心——皮蛋酥。

皮蛋外表暗黑，如有千年时光在其中沉淀。初次接触它的人，未必有胆量下口。英国作家扶霞·邓洛普在《千年蛋》一文中如此描述第一次接触皮蛋的惊恐：

> 感觉眼前的皮蛋正在盘子里斜睨着我，那剖成两半的皮蛋在我看来，就像是某个可怕怪物的眼珠。蛋清呈脏乎乎的透明褐色，蛋黄则黏乎乎的呈褐色，周围裹着一层绿幽幽的霉灰色，萦绕着淡淡的硫磺味和氨的气味。

尽管如此，扶霞·邓洛普在尝过皮蛋之后，还是爱上了它。大概也如第一个吃螃蟹的人一样，只要不害怕其耀武扬威的外表，就能为它独特且强烈的味道而折服吧。

小小一颗皮蛋，在中华大地上流转，各地有各地的吃法。凉拌、拌豆腐、裹鸡腿肉、煮汤、擂辣椒……无所不有。在广东，皮蛋常以较为温和的面目示人：煮粥，或制成皮蛋酥。

很多年轻人可能不知道，皮蛋酥其实是一道非常传统的广式点心。据说早在清朝，皮蛋酥就广为流行，后来在茶楼与饼店里，皮蛋酥也为不少人所钟爱。

只看皮蛋酥的外表，绝对想象不到它的内在。外层的水油酥皮，是中国古老的酥皮之一。最顶上的酥皮色泽澄黄，中心滑腻柔韧，泛着油光，层层相叠下来，逐渐过渡为白色。

竖着切开皮蛋酥，便显露出内里乾坤：黄棕色的莲蓉，青黛色如果冻般透明的蛋清，以及墨绿色的蛋黄，一层包裹着一层。最里面的溏心蛋黄将欲融化，处于流动与凝固之间。

皮蛋本身的味道，算是比较冲的。如何能把它做成酥？想来有些不可思议。其中奥秘，就在于加入的配料——苏姜。皮蛋内含大量的碱，加入酸性的苏姜，在受热升温后，便产生了酸碱中和的化学反应，使皮蛋的味道发生了质的飞跃。皮蛋瘦肉粥也是如此，皮蛋与粥米的味道能够完美融合，彼此相辅相成，在搭配中升华。

皮蛋酥中，又有莲蓉，填满皮蛋与酥皮之间的缝隙，也将整块酥变为甜味。松化脆软的酥皮，加上绵密细腻的莲蓉，由此皮蛋酥

港式菠萝包

皮蛋酥

成了标准的点心。其中的皮蛋显得"离经叛道"，却因其弹牙柔韧的口感和浓郁的蛋香，如同神来之笔一般，赋予了这道酥食超凡的调性。

酥皮、莲蓉、皮蛋，三者要达到协调统一，不相互冲突，则需要讲究"化口"。酥软的皮层入口融碎，蛋清在舌尖柔和地融化，蛋黄也一点点化开。莲蓉的清甜，也为整块酥食带来了平衡的口味，无怪乎那么多老广唯爱这一口皮蛋酥。

作为传统名点，今天皮蛋酥渐渐被人淡忘，未免有些落寞。如果能重新进入年轻人的视野中，哪怕顶着"黑暗料理"的名头，也未尝不是一件好事——毕竟，只需一尝，多数人就会臣服于它的奇异了。

"如胶似漆"，是品尝榄仁萨其马时脑海中蹦出的第一个词。刚刚接触的一瞬间，就被它这黏人劲儿打败了。用牙齿咬下一小块，惊喜感再次袭来：糖浆微微拔丝，呈现出琉璃般的晶莹光亮；浓郁的鸡蛋香，榄仁、芝麻的油脂香，以及椰丝的清甜微脆，在口中相继绽放；糖浆虽甜却不腻，正好满足了人对甜味的渴求。

萨其马原本是北方满族的传统点心，其名原意为"面条蘸糖""拔丝面条"，由满语音译而得，广州、香港人俗称它为"马仔"。清末，萨其马随着满人入关，在北京传播开来，并逐渐向南，最后在广州点心界站稳了脚跟。最初的萨其马只是将面条油炸之后拌上糖浆食用，而广府厨师则进行了改良，将之放入模具中，压成方块儿，口感在酥松绵软中多了几分紧实，引得人更有咀嚼的欲望。

糖浆是萨其马的灵魂，要达到藕断丝连的拔丝状态，糖浆太多甜腻黏牙，太少则面团松散不成形，其中的分寸尤其考验厨师的技艺。广州本土的小吃蛋馓和糖沙翁与之相通：面粉混合鸡蛋揉捏成条状，过油炸制定形，再裹上厚厚一层糖浆。口感绵而不烂，酥而不碎，入口即化。蜜糖则带给人最直接的幸福，只需一口，便宛若乘着云霄飞车，心绪飞速上扬，如入云端。

糖的甜蜜，恐怕是人类最无法抵御的本能欲望，因此这几道点心，实在是精准地拿捏住了人们的味蕾。但实在地说，像萨其马、蛋馓这种"直截了当"的传统甜点，在广州人的餐桌上其实并不多

见。广州人或许更欣赏的是滋味与口感的复合，而且，在当代烹饪中，厨师们也会特意降低甜度，以适应现代人的口味和健康需求。

20世纪90年代，广州酒家的萨其马便驰名一时，社会上有"大同（指大同酒家）蛋挞、广州（指广州酒家）萨其马"之说。当时早晚茶市，每每点心车尚未推出楼堂，就被懂行情的熟客拿着点心卡堵在厨房门口，把刚做好的萨其马抢购一空，皆因这全手工制作的萨其马蛋面条蓬松熟透而不夹生，用料新鲜讲究无杂味，糖浆慢火细熬、滴水成珠且甜度适合不浊口，手压的松紧度恰到好处，既黏合又不紧实，吃起来松化香甜，令人意犹未尽、欲罢不能。

至于沙翁，乃由民间小食沙壅演变而成。沙壅过去为平民大众食品，多为人们日常外出工作时带备果腹之用。沙壅的历史相对较长，在明末清初就已是广东民间食品，屈大均《广东新语·茶素》中就记载"以糯粉杂白糖沙，入猪脂煮之，名沙壅"。而沙翁诞生的历史相对较短，乃20世纪中期物资短缺时，广州厨师在别无选择的情况下，将糯米粉改用面粉制作而成，同样由于用料简单，成本低廉，深受群众喜爱，曾经在大街小巷的饼铺或食品店都有销售。沙翁口感松软不甜腻，是以鸡蛋液和好软面团后分件搓成椭圆形，以中火、约160度油温炸熟，随即放入糖粉中翻滚，让成品表面沾满糖粉，颇有白发银须之不倒翁形象。

再说蛋馓。蛋馓有咸甜之分，两者风味截然不同，用料以蛋为主。由于制作得法，入口便散开，由此得名。将蛋面团醒发后，用面棍反复碾压开薄，然后切成长方块，并在中间切三条缝，两件一叠，从两端向缝中反穿而成形，再用近200度的高温沸油炸至无水声响、呈金黄色，捞起沥干便做成了蛋馓。甜蛋馓的糖浆是重中之重，熬制中除了白糖外，要么提高麦芽糖的含量，要么渗入液体葡萄糖才不至于过分甜腻，而且要在食用前才淋上糖浆，以不影响质感的酥脆。

说到蛋馓，倒让我想起粤语中一句戏谑调侃的口头禅"你条蛋馓"，意思大概是"你这胆小怕事没出息的"（源于蛋馓一碰就散的形象），而往往反击的又有另一句口头禅"你条粉肠"，意为"你这

沙翁

蛋馓

家伙",骂人的意味不重,多是朋友间的玩笑而已,反而多了一份熟络感。

这些地道的甜点曾经是父母用来奖赏孩子,或者在特殊的年节才能享受到的美味,它们承载着人们的童年记忆与家乡至味,即使物转星移也不可磨灭。美食与亲情,亦犹如这蜜糖包裹的小吃,紧紧相依,充满蜜意柔情。

煎炸飘香：油润美味的祝愿

广府人有春节开油锅的习俗，炸煎堆、蛋馓、油角等，寓意来年红红火火，油油润润。不过随着时代的发展，家务劳动社会化，这些应节的食品又逐渐被社会生产所代替。广府年关时分，市场里各个小吃店都一改面目，贴上大红纸，上架应时年货：煎堆、酥角、蛋馓，火热供应。一锅锅炸物随后出炉，油香扑鼻，成为最好的广告牌。邻里街坊也排起长龙，等待那一份香气四溢的"油器"稳稳地落到自己手里，带回家中。

在过去缺乏物资的年月里，油炸食品是人们逢年过节才得以品尝的美食。高温油炸之后的食品储存得久，一次买够，便可撑足过年前前后后的好多个日子。老广们必吃"油器"，还有寓意所在：愿来年的日子，也能油油润润、富富足足。

咸水角，便是油器中的一种，既可以在茶楼里吃到，也是过年常备的点心。不同于其他点心的甜腻，它是以咸料为馅，往往采用猪肉碎、韭菜、虾米等食材，拌五香粉等调味料。有些地方在元宵前后吃，内里放五种馅料，又叫作"五味元宵"。

被做成圆鼓鼓的三角形的咸水角，因受过油炸，表皮布满如同圆润珍珠的小泡。有人说，北方有"饺"，南方有"角"，二者实际上是相通的：烹饪界中，将面粉做的圆皮对折包裹馅料的制品，称作"饺"；米粉做皮的，则称作"角"。北方多麦与面粉，南方多稻与米粉，差别也就形成了。咸水角，用的便是糯米粉皮。

原本莹白如玉的糯米粉皮，在油炸中转变为金黄色，也带上了微脆的口感；深处，则软糯柔滑，细细体味，就能感受出糯米的甜味；再深入一层，又触到咸香的内馅。甜咸交叠中和，似一对两生花，在舌尖齐齐绽放。

咸水角的馅料，也是荤素搭配，口感颇为丰富。萝卜干与猪肉碎等结合而成的馅料，朴素而踏实，尤具乡土风味，接地气得让人

金勾咸水角

百子金菠萝

仿佛回到了家乡。

不同于其他点心，咸水角一点也不贪心，不求把内里填得满满当当——馅料不足一半，与皮层若即若离，为食客留下了咀嚼与想象的空间。在这空间里，我们得以重返古早年岁，回到左邻右舍在年节前互相串门，大人们帮忙炸油器备年货、拉家常，小孩们则一起围跑玩闹，甚至偷吃的日子；回到某棵枝繁叶茂的大榕树下，与乡人们就着一壶淡茶，嚼着手制糕点，谈天说地。

煎堆，更是老一辈广府人过年必备之物，所谓"年晚煎堆，人有我有"[①]。一个个金黄色的小圆球，撒满喷香的芝麻，十分讨喜。将酥化的煎堆送入口中，"煎堆碌碌，金银满屋"[②]的美好念想，便化作了开启新年生活的动力。

煎堆在明末清初就成为广府风俗食品，屈大均《广东新语·茶素》记载："广州之俗，岁终以烈火爆开糯谷，名炮谷，为煎堆心馅。煎堆者，以糯粉为大小圆，入油煎之，以祭祀祖先及馈亲友者也。"煎堆品类繁多，可软可脆，因产地和制法有别而不同：有南海的九江煎堆，形状扁圆，以馅蘸糊浸炸，入口酥化；有顺德的龙江煎堆，形状正圆，裹皮浸炸，入口酥脆，是整个珠江三角洲的主要范本；还有咸甜两种馅料的中山煎堆和空心煎堆，均以圆体而生，大小不拘，圆融和美，惹人喜爱。

在今天的茶楼里，作为经典小吃的煎堆也得到改良，口感少了几分油腻，注入更多的健康元素，与现代人的口味和需求相贴合。百子金菠萝，就是煎堆的创新版本。

被端上桌的金菠萝足以把第一次尝鲜的人吓一跳。它近乎脸盆般大小，高高鼓起，使人恍然间以为自己身处大胃王比赛的擂台上。细看起来，金菠萝的卖相还是非常漂亮的：色泽是鲜艳的明黄色，通体均匀，酷似熟透了的菠萝。煎堆用芝麻点缀，意指多子多福，金菠萝的"百子"也沿袭了这一传统，糯米皮里细细嵌入了白色芝麻。

---

① 意为过年每家每户都得炸煎堆，别人有我也要有，也引申为要随大流的意思。
② 指油炸煎堆的时候越滚越大，希望钱越赚越多。

实际上，金菠萝的内里空无一物。用剪刀轻轻戳破，它立即如漏气的气球般塌瘪下去。原来，不过是一层通透的皮，虚张声势而已。而皮层呈现出诱人的金黄色，是因为加入了南瓜蓉。将这层皮鼓胀起来，并非易事——要控制各种食材的比例，太厚了，鼓不起来；太薄了，又容易破损。对温度的掌控，也更为严苛。

金菠萝还热乎着，丝丝甜香随热气的烘托散发出来，让人忍不住抓紧剪下一块来吃。既然没有馅料，糯米皮层便成为主角，得到更多的关注。它也并没有让人失望：外皮带有微微的油光，咬下去是酥脆的爽快感；皮层内部则糯软又柔韧，慢慢咀嚼，又能进一步品尝出南瓜蓉的甘甜与清香，更有粒粒芝麻增香，口感层次极为丰富。

咸水角与金菠萝都使用了糯米，特别具有韧性。"韧"的口感，亦在广东尤其受欢迎。而这韧，并非简单的软韧，广东人追求的是外脆内韧。

类似这种口感的，还可举出数例：油炸鬼，外部松脆，咀嚼时嘶嚓作响，内部则有一股韧劲，源于发酵的面筋；蛋煎裹蒸粽，是粽子的创新做法，外皮被煎得金黄而焦香，内里保有糯米的黏牙软韧。此外，咸煎饼、咸甜薄撑、客家糯米糍等，也有异曲同工的妙处。

油脂煎炸的香脆口味，激发愉悦的同时，也向身体快速注入能量，为接下来前进的日程加满了油。蕴含在深处富有嚼劲的柔韧糯米层，使得齿间充满了"拉扯"的快感。广州人面对生活的务实与坚韧，都微缩入这一块小小的糕点之中。

罗浮山下四时春，卢橘杨梅次第新。
日啖荔枝三百颗，不辞长作岭南人。
——北宋·苏轼《惠州一绝·食荔枝》

罗浮山下四时
春卢橘杨梅次
第新日啖荔枝
三百颗不辞长
作岭南人

苏轼诗惠州一绝食荔枝
壬寅冬沈永泰於鱼乐轩

尋味順德

三

鱼：岭南水乡鲜滋味

坊间常言"厨出凤城"，顺德当地诸多名厨世家正是最好的见证。自明清以来，顺德（旧称大良）菜早已成为广府菜不可或缺的一部分，如今顺德又被评选为"世界美食之都"，在世界美食之林亦拥有了一席之地。顺德人热爱品尝美食，更爱亲自下厨烹饪，即使是简单的家常菜，顺德人也总要精益求精，可以说，顺德菜根在民间。

一日三餐细细思量，每一道菜都全情投入，邻里之间端出拿手好菜互相品尝，切磋厨艺，于是乎，滋味、生活、乡情、文化，这一切美好便在柴米油盐之间细细流淌，润物无声，顺德菜亦在时间濯洗之后愈发光彩照人。

精彩纷繁的顺德菜中，最有代表性的当属鱼的菜式了。一鱼烹百味，无论是大厨还是家庭主妇，烹鱼皆是他们的一大绝活。

近百年来，顺德依靠着基塘农业的发达成为广东重要的商品农业区，而顺德的饮食也深受此影响，拆食、生食、片食、块食、全食、剁食、酿食……种类丰富、品质鲜美的鱼在顺德厨师的手中演绎得千变万化。

宴席一开，依照广东人喜好汤汤水水的习惯，先为食客端上来一盅汤羹。在顺德，"拆鱼羹"往往是首选，这是顺德的经典名菜。拆食鱼肉，是顺德悠久的传统，也是粗料精作的典型。中国人餐桌上最为寻常易得的鲩鱼，在顺德厨师的巧手下变身为精致菜肴。细嫩的鱼蓉，浓滑鲜甜的汤水，色彩缤纷而营养丰富的食材，用一个碗口大、碗身斜的鸡公碗盛着，颇有返璞归真的美感，也正应了顺德鱼米水乡之景。

调羹翻搅，表层胡椒的辛香与榄仁的焦香首先闯入鼻腔。丝滑浓稠的汤羹之中，五颜六色的食材相互映衬。雪白的鲮鱼肉，透明的米粉，金黄的鸡蛋，翠绿的胜瓜，乌黑的木耳丝，褐色的陈皮丝，

榄仁拆鱼羹

浅紫的洋葱……简直如同一幅水墨画般精彩绝伦。加入少许生粉，使各种食材的味道相融得更加自然，口感也更顺滑柔和，清清爽爽便入了喉。各种食材的味道并不掩盖鱼肉的香味，而饱满的层次感瞬间刺激味蕾，令人食欲大开，口腹温暖。

尝过热汤，不妨再来试试冷食。鱼生，在全球的饮食体系中独占一席之地。这种古老的吃法能够最大程度地保留鱼的鲜味，获得诸多拥趸。吃鱼生在中国南方更是历史悠久，从古越人的饮食中便可见一斑。

鱼生最讲究品相，因此在制作的过程中给厨师带来了极大考验。顺德人的鱼生主要选用淡水鱼。买回来的活鱼最好先在清澈的泉水中养几天，行内人称为"瘦身"，也就是让鱼消耗掉多余脂肪，吐净内部的土腥味，这样做出来的鱼生才会肉质紧实，清甜鲜美无杂味。

杀鱼放血，是至关重要的步骤。如何使鱼片晶莹透亮，干爽鲜美，顺德大厨自有妙法。在鱼的下颌处和尾部各割一刀，将之吊起，鱼血尽快从刀口处放干净，便可得到毫无淤血、洁白干爽的鱼肉。而起片更是检验厨师刀工的难关——手起刀落，转瞬之间，鱼片薄可透光，在盘中层层叠叠地摆出各式风物，俨如精致的盆景。

不同于日本刺身直接蘸取酱油芥末，顺德人喜欢更华丽的吃法——捞起鱼生。将十几种食材统统切成细丝或剁碎，作为鱼生的配料排在器皿周围。常见的搭配是柠檬叶丝、炸芋丝、洋葱丝、京葱白丝、炸米粉丝、萝卜丝、尖椒丝、花生碎、榄角碎等，再和上醋、香油、糖、盐、胡椒等调味品。鱼片与佐料摆好盘后迅速端上餐桌，呈给食客。顺德人吃鱼生，往往是一大桌子人一起动筷子"捞"，直捞得风生水起，热闹非凡，乐趣横生，令人大呼痛快，平淡的日常生活也因此鲜活生动起来。

从活鱼到放血、杀鱼、切片、捞起，一气呵成，争分夺秒，用时越短，越能保证鱼肉的生猛鲜活状态。"捞"的动作也能够使各种味道相互均匀渗透，鱼片也在指尖的力量下相互弹挞，变得更为爽口。入口时鱼片的冰凉刺激着舌尖，令人瞬间来了精神。爽滑的鱼片温柔地触抚口腔，肉的肌理则出乎意料地紧致，反复咀嚼，

捞
起
鱼
生

各种食料的滋味充分释放、融合，醋的酸爽醒目，姜葱的辛辣，胡椒的馥郁醇厚，柠檬叶的独特香气，花生、芝麻的油脂香，带来了多层次的精彩体验。

生食最能体现清爽本色，而煎焗则赋予了鱼肉更浓郁的滋味。煎焗鱼嘴、煎焗钳鱼都是顺德的传统菜式。鳙鱼，也称为大头鱼，将鱼头斩下后对半分开，稍微腌制使之入味，在精准控制的油温中双面煎熟，便烹成煎焗鱼嘴。好吃鱼嘴的人，往往是领会了头部胶质被煎得香脆的妙处，虽然肉量算不上多，但细细品呡，却十分得趣。

当然，若是无肉不欢、只爱大口吃肉的食客，则可以选择煎焗钳鱼。钳鱼皮滑、肉厚、肥腴、骨少，尤其适合于煎焗的吃法。稍微为鱼身裹上薄薄一层面粉蛋液，高温热油使外表快速封住，立刻变得金黄香脆，而内部的鱼肉却仍旧嫩滑多汁，丰富的皮下脂肪被激发出独特的香气，一口下去，满口溢香。

有经验的厨师会选择蒜头为鱼肉增添风味，而不用常见的葱姜，秘密在于葱姜水汽较重，味道过于辛辣，而顺德人更偏好煎焗之后鱼肉呈现出的干爽质感，因此水少而辣中带甜的蒜头是最佳选择。将独子蒜切成均匀的椭圆薄片，与钳鱼一同煎焗，大圆配小圆，流露出规矩和谐的美感。

虽然相比起骨少肉多的钳鱼，鲮鱼与鲗鱼多骨，但顺德人为能尝其鲜美细嫩，特意为其"量身打造"了烹饪方法。厨师用尽功夫将鲮鱼剔骨留肉，连皮一起剁成鱼蓉，运用特殊的手法挞，使之变成胶状，之后加工成绉纱鱼卷、鱼丸、鱼腐等鲮鱼制品，鱼肉鲜甜之外更变得弹牙筋道。

一道酿鲮鱼更是极为考验厨师的手艺。光是要让鲮鱼皮肉分离且保持表皮完整无损，就需要耗费数以年计的时间不断练习。掏出的鱼身骨肉分离，鱼肉部分制作成肉糜，同样挞到起胶。马蹄、香菇、腊肉、虾米、瑶柱等各色食材切碎，与鱼糜充分混合之后，酿入刚刚剥离的鱼皮中，恢复整鱼的原貌。酿鲮鱼看起来大气美观，而肚内则别有乾坤，吃起来更令人惊喜万分。中国人总喜欢求个齐

煎焗鱼嘴

煎酿鲮鱼

全美满，这道十全十美的酿鲮鱼不仅仅是顺德菜的金字招牌，更是刻在顺德人心中的家乡之味，承载起那美好而质朴的愿景。

鲥鱼，与河豚、刀鱼并称为"长江三鲜"，也被顺德人称为"三黧鱼"。据说鲥鱼曾经在顺德随处可见，是价廉物美的鱼种之一。张爱玲曾感叹人生有"三大恨事"：一恨鲥鱼多刺，二恨海棠无香，三恨红楼未完。这一说法倒是有趣得很。

不过在顺德厨师眼中，再多刺的鲥鱼也值得品味。俗语云"春鳊，秋鲤，夏三黧"，夏天的三黧鱼最是肥美。鱼肉斩块，凉瓜切段，撒上广东豆豉和姜汁。生姜的处理手法极为讲究，用木质棒槌敲碎，使汁水自然地迸出，这样榨取的姜汁避免了金属刀具带来的杂味，更具原生态。姜汁去除了鱼腥味，而豆豉增添的鲜味则与三黧鱼本身的鲜甜相得益彰。夏季的凉瓜本就甘苦解腻，而在蒸的过程中，铺在上层的鱼块慢慢析出汁水，被下层的凉瓜充分吸收，风味获得了质的飞跃。底部铺上凉瓜还有另一用处：将鱼块撑起，与瓷盘之间形成一定的空隙，便于蒸汽上下流通，同时包裹着鱼块，使鱼块熟得更加均匀。

在顺德厨师的眼中，形形色色的鱼儿都值得赋予足够的尊重，不论是面对家常菜还是宴客大菜，再多的功夫与巧思也不嫌多。顺德人也性情平易，许多烹饪高手都藏于民间，因此，若是有机会到顺德品尝美食，最好别错过和店家、厨师闲话家常的机会，说不定就能学到不少烹饪的"点睛"妙招。

烧鹅：唇齿间的馥郁

　　勒流，是顺德美食之乡，更被评选为"中华美食名镇"，一镇之名能以美食显扬，实在不可小觑。这里不仅有着最地道的顺德小吃，更是卧虎藏龙，名厨荟萃。来到此处的食客，自然要尝一尝最声名在外的勒流烧鹅了。

　　开平特产的马岗鹅脂肪饱满且肉质细嫩，最适合用来制作烧鹅。将味料填入洗净的鹅身中，用粗针缝密，开水烫皮为之定形，再将融化的麦芽糖均匀地淋在鹅身上，风干 10 小时以上，使之干爽紧致，最后将其放入瓦缸用炭火烧制。一只只饱满的烧鹅出炉，连几条街外的狗都会寻香而来。

　　有条件的情况下烧鹅自然是现烧现吃口味最佳。讲究的厨师连烧鹅斩件这一步骤都要亲力亲为，因为下刀的位置、力道等细节都对鹅肉的质感有影响，瞒不过嘴刁的食客们。

　　斩好的烧鹅再摆成鹅身原样排列整齐，烧鹅皮呈现出红润的光泽，皮下的油脂金黄莹亮。鹅肉肌理较粗，只有掌控好腌制与烧制的每一个细节，才能使烧鹅肉汁饱满，不干不硬。五香料是腌制烧鹅的秘诀，决定了味道是否纯正。相比其他地方的烧烤，勒流烧鹅偏向更清淡的滋味，五香料放得恰到好处，绝不会抢了鹅肉本身的光彩。一口咬下去，酥脆的外皮在口中发出"嚓嚓"声，油脂与汁水先后溢出，香料的馥郁滋味与麦芽糖的香甜充盈于唇齿间，给人带来畅快淋漓的享受。

　　烧鹅通常的吃法是搭配着清爽的酸梅酱，可以在一定程度上解腻提味。但假如烧鹅本身够"正"，则完全可以单吃，其他任何的附加都显得有些多余。不过，有一种腌渍的酸子姜，可以作为小吃与烧鹅一同享用。子姜本身肉质细嫩，有一种独特的香气，味道微辣中带有几分清甜，腌渍之后略带酸味，十分开胃。吃完一块烧鹅，就着一块酸子姜，滋味便在口中精彩纷呈。

鲍鱼与鸡：高雅与大众的美味相逢

在顺德这一美食天堂里，鸡也有无数种吃法。除了常见的白切鸡、豉油鸡，顺德也有别具特色的桑拿鸡、四杯鸡、焗鸡等做法。

焗鸡是民间一道常见的顺德菜。焗，乃粤菜中传承悠久的烹调技法：将食材放入铁镬或瓦煲内，配以大量香料，加盖慢火焖熏至熟透。旧时食客去酒楼，点一碟香气四溢的焗鸡，便可美滋滋地下酒送饭。

随着广东经济的发展，众人生活水平提高，对外交通日益便利，餐饮之风日著，焗鸡时同放的配料也渐渐变得更为高级。鲍鱼作为"水中贵族"，与陆地上飞跑的"鸡中皇后"——清远麻鸡本不曾有一面之缘，却被顺德师傅巧手拈来，在这盘鲍鱼焗鸡中相会了。

雪白的瓷盘中，装着十余只个大肉厚的鲍鱼，如同元宝，将表皮澄黄油亮的鸡块团团围住，饱含了"盆满钵满"的美好意蕴。最后浇上的酱汁汇集于盘底，是全盘鲜香之物的精华，却以低调谦和的暗色示人。

选用的上好溏心干鲍，被酱汁浸泡后呈现深棕色。干鲍虽然是再加工品，较之鲜鲍鱼却有着更醇厚甘香的滋味。用特殊泡发技术处理后的干鲍，口感软糯，略带黏牙感，咀嚼起来亦不失韧劲。带着酱汁的鸡皮莹莹发亮，入口则爽滑饱满。鸡肉洁白中含有粉润，骨与肉相连紧密，可见品质极佳。牙齿撕扯嚼烂的过程中，嫩且甜的鲜美感持续冲击味蕾，夹杂着鲍鱼特有的韵味，丰盈美妙，每一秒都是享受。

底层铺满的香菇，也是传统焗鸡中常见的配料。海鲜的鲜香、家禽的肉香、菌菇的清香，熔于一炉。均匀泼染在这三味食材上的酱汁看似浓郁稠重，入口却丝毫不黏喉，凭借其清鲜醇厚的味道，为本就鲜香的菜肴更增添一抹新意，也不抢主食材的风头。

各式食材之间，似乎互相吸收了彼此的味道，但却有着不同的

表现。在长时间的焗煮中，鲍鱼的海鲜甘香味、香菇的咸香味已经渗入鸡肉内部，鲍鱼则是外部包裹着风味浓郁的肉汁与菌汁，深处却仍然保留着海鲜的本味，可谓坚守本我的代表。传统上，品尝鲍鱼要从外部边缘开始下口，小口品尝，一点点深入溏心。在吃这道菜中的鲍鱼时，也采用这样的吃法，便能品出口感如何从外至内渐变的过程，极富层次感。

鲍鱼焗鸡这道菜由顺德师傅首创，一经推出便在广东各地掀起了热潮。大大小小的粤菜馆里，一道鲍鱼焗鸡一出场，便可引得一众食客为此折腰。广东人本来就追求新鲜，干鲍与走地鸡的搭配在鲜感上产生了一加一大于二的效果。在这道以焗鸡为本的菜中，鲍鱼本是配菜，现在却已大抢风头。有的店家没有品质足佳的干鲍，便用鲜鲍替代，味道相差甚远。不过，鲍鱼与鸡其实彼此都不可或缺，最终还是要靠二者调和，形成复合的滋味。山与海的瑰宝于此邂逅，激发出彼此的气息与色泽，在珠联璧合中打造出一道高端顺德菜。

顺德菜喜创新的品质，也使得花样繁多的新鲜食材搭配不断涌现出来。吃过鲍鱼焗鸡后，不妨再去顺德街头巷尾的小店试试蟹煲鸡、榴莲焖鸡、苹婆（凤眼果）焖鸡，初闻新奇，开煲时都能让人食指大动，获得新的体验。

乳制品：牛奶的二次新生

在顺德纷繁琳琅的美食中，要举出独具当地特色的菜式，可以列出一长串清单。不过在大多数人心目中，最能代表顺德的，要数它的乳制品小吃。

顺德有多种乳制品，甚至有类似西方奶酪的牛乳片，这在一座东方小城里，有些不可思议。追溯其本源，其实均是以顺德本土的水牛奶为原料制成的。

南方热带地区，常常可以看到劳作之后于水稻田中坐卧的水牛。顺德人发现这种吃新鲜水草、甘蔗叶的牛，产出的牛奶味道独特，观之雪白纯粹，饮之比普通牛奶更为香浓。养殖水牛的农户遂大规模制取水牛奶，使其成为当地人热爱的一种饮品。每天，一桶桶新鲜水牛奶从农场运送到城镇，一系列水牛奶衍生的美食也纷纷涌现出来，如双皮奶、姜撞奶、炒牛奶、炸牛奶等。顺德有的村落如金榜村，家家户户制作出售水牛奶和甜品，满巷通街飘荡着奶香。

双皮奶，外观朴素淡雅，除却一碗纯白色的半固体状奶膏，再无其他点缀。在当今日益出新、颜色斑斓的甜品中，低调的它很容易被追求新鲜的食客忽略。但它却不喜不惧，静静等待懂得它的美好的人前来品尝，以始终如一的淳朴征服着人们的口舌。凝聚于其中的经典味道，也许永远都不会过时。

凭借自身平和的口感，双皮奶赢得了"老少咸宜"的美誉。它制作起来也并不需要多么高超的厨艺，在家中也能轻易制作。

做法虽然简单，但一碗正宗原味的双皮奶，在原材料的选取上却极其苛刻。制作双皮奶不能采用一般奶牛的奶，而需选用上好的水牛奶。这是因为水牛奶含水量少，乳脂丰富，浓稠得足以展现出"挂杯"与"滴珠"的形态。"挂杯"即奶汁可以挂附在杯壁上而不往下滑；"滴珠"则是指将牛奶滴落在玉扣纸上时，整滴奶表面富有张力，饱满立起如一粒珍珠，而不会弥散或渗透。用这样的水牛

順德雙皮奶

奶做出的双皮奶，必然是奶味香浓的上乘甜品。

将加热后的水牛奶倒入碗中，待其凉却，表面便会结出一层薄薄的奶皮。用小刀在奶面上戳一个小孔，把牛奶倒出，奶皮仍然完好无损地保留在碗中。倒出后的牛奶加入鸡蛋清、砂糖，重新倒入碗中，隔水蒸热，第二层奶皮便慢慢凝结而成——这也是双皮奶得名的缘由。据说，这一制作方法还是 20 世纪在大良售卖水牛奶的农夫为了保鲜，将其炖熟，误打误撞研发出来的，倒饱了不少吃货的口福。

做好的双皮奶盛在青花瓷碗中，与自身的洁白相印衬。表面的一层奶皮或光洁如镜，或略带微皱，如同被风吹起波纹的湖面。用勺子轻轻挖出一块，颤动的奶膏吹弹可破。

双皮奶的上层是密度较小而上浮的牛奶油脂，奶味香醇；下层则是遇热变性的蛋白质固体，口感爽滑紧致，恰似布丁。入口的瞬间，双皮奶便融化开来，水牛奶中蕴含的大量乳脂使其增添了细腻、润滑的质感，似乎在为舌头上的味蕾做一场按摩。绵密浓郁的奶香中带有些微的甜意，一切都是恰到好处的风味。

一碗双皮奶看似平平无奇，却能承受住长达一个世纪的考验，让嘴刁的广东人在糖水店里无限回购。现在的双皮奶为赢得年轻人的青睐，也不断推陈出新，加入椰青水、桃胶、红豆、芒果等佐料，口感更为丰富。顺德人的细心与考究，使得他们能够挖掘未曾发现的食材，探索新鲜的做法，并锤炼出标志性的风格。

顺德大良的炒牛奶，也是当地一道流行了百年的名菜。据记载，大良炒牛奶诞生于民国初年，当时有顺德"妈姐"在广州永汉路（今北京路）巷子中经营小食肆，以特色凤城美食闻名一方。妈姐是到大户人家帮佣、做厨娘的顺德女工，其中不少是终身不嫁、自食其力的自梳女，炒牛奶就是出自她们手中的一道颇受欢迎的风味小吃。

作为液体的牛奶如何能炒制？当初，顺德妈姐采用的方法是将顺德特产的优质水牛奶煮沸后放凉，取上面凝结的奶皮，合以猪油，猛火热炒。不过，这样的做法效率低下，口感虽嫩滑却单调。因此后来又有顺德大厨加以改良，使炒牛奶得以被端上更多的餐桌。

今时今日的炒牛奶，运用的是"软炒法"。水牛奶是不变的根本，此外则要加入鸡蛋清、生粉，在炒制过程中还要指如兰花拿住镬铲，用太极手法围着牛奶转动，每转一圈，便一铲一堆，以使其凝固，直至九圈完毕，牛奶即变为固态。此时转为快速翻炒，眼疾手快，才能避免牛奶变焦。整场烹制过程，不亚于一次令人眼花缭乱的武艺展演。

经典的炒牛奶，要掺入几味配料，如叉烧粒、虾仁、榄仁、葱段、鸭肝等，以调剂牛奶的单一风味，全方位调动起舌尖的味觉和触觉。如今，炒牛奶有了更加豪华的版本——龙虾炒鲜奶。把龙虾取肉作为配料和牛奶一起炒，然后在炒好的牛奶旁边，将整只已取肉的龙虾壳装饰伴碟，硕大通红的龙虾与洁白的牛奶形成色彩对比，倒是颇为抢眼。

出炉的龙虾炒牛奶，牛奶呈乳白色，光洁晶莹，如同一团凝固的云朵，质地柔软。细细尝之，水牛奶脂肪含量较高的优点再次凸显出来：水分少，容易凝固，味道更加香浓，由此产生滑润醇厚的口感。撒于其上的榄仁被炒出金黄的色泽，脆而油香，此外还有铺底的葱段，自带一种清香，均为这道菜增加了味觉层次。相比起工艺复杂的炒牛奶，龙虾用的则是最简单的方式——蒸熟，保留了海鲜本有的清甜鲜美。挖一勺炒牛奶，再食一啖（粤语意为吃一口）龙虾肉，绵糯与紧实相搭配的口感，让人忍不住大快朵颐。

顺德人身上有一种韧性：面对困难时，咬紧牙根克服，谋求出路，有了好的发展，便会充分利用已拥有的资源呈现生活的精彩。从早年那些离开家乡，奔走四海做厨子、厨娘以谋生的顺德人身上，便可见一斑。在做菜时，这种韧性则内化为这样的烹饪理念：困难时粗料精做，富裕时精料精做。炒鲜奶与龙虾的结合创新，可谓是顺德菜中精料精做的代表。

小吃：细致心意卷卷情

初闻野鸡卷，想必不少人会以为这是用某种山鸡或土鸡做成的鸡肉卷，如清代美食家袁枚曾经记载过的一种野鸡卷，就是将鸡脯肉裹成卷制成。然而顺德的野鸡卷中并没有鸡肉，正如菠萝包里没有菠萝一样。

所谓顺德野鸡卷，其实是炸猪肉卷。为什么会有这样一种名货不对板的名字，起源也众说纷纭。

有一种说法是，清末民初，在大良宜春园有一道名菜，叫作雪耳鸡皮，做这道菜剩下不少碎鸡肉、鸡皮等边角料，为了不浪费，就用边角料做成鸡卷。没想到鸡卷反而更受欢迎，供不应求，故师傅用猪肉来代替鸡肉制作，味道甚至更加鲜美。

也有人说，20世纪70年代国家实行计划经济时，人们在食堂总爱挑肥猪肉领回家，既香润又能榨油，瘦猪肉则往往被拣剩下。为了让瘦猪肉不被浪费，食堂的师傅灵机一动，创出肥瘦猪肉相结合的一道美食，也就是今日的野鸡卷。

两种说法谁是谁非已经难以考证，不过可以断定的是，野鸡卷并不是"野鸡"卷，而是"野"鸡卷。像"野路子"一样，"野"指的是"不正统"。谁能想到，正宗的鸡卷早已在历史的淘洗下消失，反而是这样一道另辟蹊径的菜，却最终成为顺德的经典小吃呢？

野鸡卷能传承至今，靠的是厨师们的上佳手艺所创造出的独特口感。要诀之一，要靠刀工。选一块新鲜、大块的猪鬃肉，取皮与肉之间的一层肥膘，凭借精湛的刀法，将白花花的肥肉切得极薄，且不破损；撒上生粉后，拿起时如同一张柔软的白纸，如此才能作为皮来包裹内馅。内馅为经过腌制的里脊肉、火腿，以火腿细条为芯，裹上瘦肉卷起，野鸡卷便初具雏形。要诀之二，则在把控火候油温。野鸡卷须先蒸熟、切块，再下油锅中烹炸两次。油温需控制得当，过高会焦糊，过低则会吸入大量油脂，使原本就含有猪油的

肉卷过于油腻。炸得正好的野鸡卷，则外皮甘脆酥化，内里软嫩，是"肥而不腻"的最佳诠释。

出炉后的野鸡卷每片厚1~2厘米，切面纹路如螺旋状，整齐地排列于餐盘上。趁着野鸡卷热腾腾时尝一口，口感香脆而不失鲜美，也是油水缺乏的时代里补充油脂的不二选择。

现在人们对于油腻的煎炸食物，已经不似从前般追捧。野鸡卷要卖得好，往往需要与其他菜式一起拼盘售卖。比如与炒牛奶同拼一盘时，野鸡卷的干脆松爽与炒牛奶的温润奶香相搭配，是出其不意的碰撞，能激发味蕾，如彗星划过，光芒闪现。

有时，野鸡卷也会和春花卷一起搭配成拼盘。春花卷同样名不副实，卷中没有花儿。之所以名为春花，大抵是因为其色碧绿如玉，观之如春意盈盈，有着饱满的生机。其起源与野鸡卷同样有几分关系。据说清末和民国初期的宴席上，在男宾席提供野鸡卷，在女宾席则提供春花卷。

春花卷比起野鸡卷要多上几分清爽，这是因为其中的馅料更多素色，更少油脂。春花卷内馅以韭菜为底，此外还有马蹄、鲮鱼肉、腊肠粒调味。裹上薄薄一层粉后油炸，上桌时仍能看见春花卷内部食材颜色的原貌，韭菜翠绿，马蹄纯白，仅凭视觉便能诱人心动。

炸过的春花卷，外层酥皮香脆，内部则是马蹄带来的爽脆。咀嚼时肉汁溢出，提升鲜美感，嫩滑韭菜的浓郁气息更是久久萦绕。若再蘸取喼汁提香，又能增添几分独特感。春花卷与野鸡卷同吃时，一刚一柔搭配，能从刚者获得肉脂满足感，也能在柔者的清香中消解腻味。

野鸡卷与春花卷，所使用的只是简单常见的食材，而顺德师傅信手拈来，将功夫下在对手艺的钻研上，用认真细致的态度对待手中的一蔬一食。手工制作出的肉卷刀工考究，是顺德菜中典型的粗料精做的小吃，从而超越了食材的平凡。在一个个小卷中，人们能品到传承至今的传统味道，也能品到顺德师傅独具的匠心。

潮汕菜

大海潮起潮落，见证了一代代潮汕人的勤劳能干与灵巧聪明。潮汕人同样深谙大海的味道，并且用最接近自然的方式，将美食进行演绎与还原。凭借着精湛的刀工与手艺、极致的口感、多变的样式，潮汕菜得到『工夫菜』之美名。执着于味觉本真的潮汕人，传承了潮汕独特的美食文化，也将追求美食的基因印刻入血脉之中。

潮汕菜

水陸俱陳真本味

一

海鲜：演绎大海的味道

临海，是潮汕得天独厚的地理优势。潮汕地区海岸线漫长曲折，蜿蜒三百余里，大大小小的岛屿丛礁点缀其中。在亚热带炎热阳光的照耀下，环流的海水四季温暖，利于鱼类繁衍生息。因此，潮汕海产品极为丰富，包括鲅鱼、黄花鱼、带鱼、章鱼、鱿鱼、扇贝、生蚝、淡菜、虎头蟹、大海虹、琵琶虾等，一年之中各个时令皆有不同的出产。它们在这片营养丰饶的水域生长、成熟、繁育，周而复始。

来自大海的宝藏馈赠使得以海鲜入菜成为潮式菜肴的特色，也是每个游客到潮汕不得不尝的美味。唐时韩愈来到潮州吃的一顿宴席，便包括了数十种海鲜，他免不了惊叹连连，作诗文以记载。与广府人的"无鸡不成席"相对照，潮汕人则是"无海鲜不成筵"。

潮汕人吃海鲜，在不同的场合有不同的形态。既有虾蟹鲍参俱全的高端宴席，也有贴近平民生活的贝蚬鱼杂等"打冷"小吃。海洋的味道已经融入潮汕人的生活之中，如拂面海风一般清新。

海琛珍馐　本味为先

以一碗清润的青榄炖角螺汤拉开宴席的序幕，是潮汕人的精心设置：清爽可口，又能唤起食欲。角螺是潮汕人常吃的一种海螺，壳上长着类似角的小突起，个头硕大。青橄榄同样是潮汕地区的特产，也是当地人无论老少的心头好，闲来咀嚼几颗，便觉得醒神清气。上好的青榄一斤要卖到上千元，老青榄的药用价值尤其高，在潮州备受推崇。

用青橄榄搭配角螺，听起来有些不搭边，实际上是一道传统的潮州汤。汤的质感，与一般的汤水截然不同：汤的表面没有一丝一毫的油脂或浮沫，仅呈现出淡淡的棕色，宛如一碗清茶。汤内静静

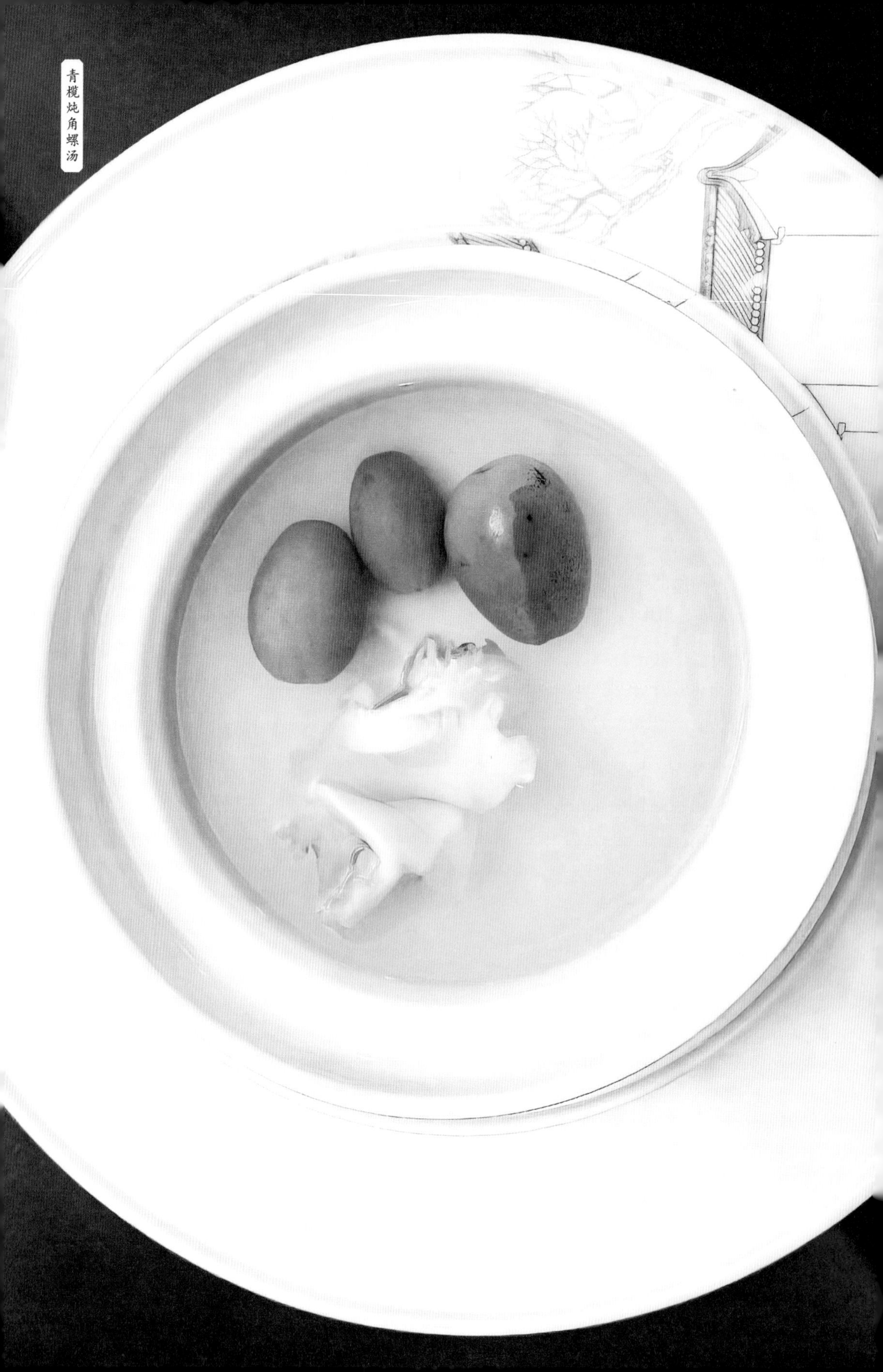

青榄炖角螺汤

地躺着两三颗青榄、一块雪白的螺肉，螺片造型如花，极具美感，在清澈的汤中绽放。

汤虽清，却不寡。橄榄的微微酸涩、角螺的鲜甜，融入汤中，不同类型的清、鲜融合在一起，入口便能品尝到丰富的层次感。青榄咀嚼起来香气十足，肉质丰厚，还有清肺润喉的养生功效。即使经过煲汤的炼煮，果肉中的味道仍然浓郁，且毫无渣滓感。"清明螺，肥过鹅"，夏初正是吃角螺的好季节，螺片清爽鲜甜，脆而没有腥味，用来搭配青榄的清香正相宜。如此，一整道汤，初品时会被它独特的清与鲜所惊艳，而后便在回甘中沉醉。

蒜蓉粉丝蒸开边龙虾，也是经典的潮菜。龙虾选取的是潮州本地南海的小花龙虾。龙虾在不同海域、一年四季都有不同品种出产。然而肉量与味道不可兼得。大只的龙虾，肉就显得稍硬；潮汕的小花龙虾不是很大，肉却特别甘甜，口感滑嫩而紧实，尤其是虾头的膏脂，肥美鲜甜。

清蒸，能保留海鲜的本味。清代李渔就曾经在《闲情偶寄》中说过："制鱼良法，能使鲜肥迸出，不失天真，迟速咸宜，不虞火候者，则莫妙于蒸。"潮汕人崇尚清蒸的理念正是如此，与李渔可谓有心灵感应。潮汕人处理海鲜时，依据不同的食材，做法又可细分为生炊、白灼、清炖等，而极少炸、焗，否则有失食材原味。

以粉丝铺底、蒜蓉覆上，也是传统的粤式做法。修长的粉丝晶莹透亮，吸收了龙虾的鲜味，一口嗍入，软滑而弹韧，如在齿间跳跃；蒜蓉为清蒸的海鲜增添香气，而不至于有损龙虾的鲜甜。

角螺与龙虾，都是名贵海产。它们频频出现在潮汕人的宴席上，既是对本地丰富海产的运用，也与潮菜的历史有关。以珍奇海味入馔，是豪气的"商帮菜"的特点。自古以来，潮汕地区经商风气浓厚，对外商贸发达。潮汕商人的足迹遍布大江南北、港澳台地区，甚至远及东南亚。由于经商常有社会交际的需求，一桌极致美味且价值不菲的宴客菜，便成为潮汕商人谈生意的撒手锏。或许，潮汕商人在内心中秉承着这么一条原则：要抓住客户的心，先要抓住客户的胃。

蒜蓉粉丝蒸开边龙虾

潮汕人征服胃的手段可谓一绝。不动声色地将昂贵的食材搬上筵席，首先在气势上给人以震慑感。燕窝、鲍鱼、鱼翅、海参，清一色亮出。《清稗类钞》"粤闽人食鱼翅" 条云："粤东筵席之肴，最重者为清炖荷包鱼翅，价昂，每碗至数十金。"这里的粤东，大抵就指潮汕地区。吃下肚里的每一口，可都是真金白银。在宴席觥筹间，尽显奢华与豪气，让人为之折服。名贵的海产不只是为了显摆，宴客菜的关键还是在于口感。大厨们相物施艺，彰显出珍贵食材的美味。从角螺与龙虾的做法，便可见一斑。此外，还有冻红蟹、香橙焗鲍鱼、清炖乌耳鳗等经典菜肴，也令人满口生香。

潮汕人吃宴席，还尤为讲究搭配。食材之间，要考虑食性的阴阳调和；主料与配料之间，也要酸甜苦辣相互促进，五味调和；更有甚者，还要讲究吃饭的节奏感，清浓、荤素、冷盘、热菜、甜点。轻重缓急，有条不紊，一切尽在掌控之中，仿佛在向客人们含蓄地展现潮汕人智慧勤劳、精益求精、服务周到的品性。一桌极致用心的好菜，背后有着深厚的文化和精神底蕴，具有凝聚人心的力量。如此宴客，不可谓不真诚。

平民海鲜　诸多风味

至于日常，并非要名贵食材才极尽鲜美，即使是小鱼小虾，潮汕人也能将它们演绎得有滋有味。

若有排行榜一一列出最负盛名的潮汕小吃，蚝仔烙必能名列前茅。蚝仔烙用的石蚝又叫海蛎，个头很小，却相当鲜活。每天清晨，天蒙蒙亮，采蚝人便来到海边滩涂上赶海。用小凿锤和蚝刀一敲一削，附在石头上生长的石蚝便剥离下来，落入筐中，立即被运往各色食家。

据说，最好吃的蚝仔烙恰恰是生意不太好的小店做出来的，因为这样，厨师就会不慌不忙地文火慢煎，把香浓滋味一点点烘出来。有些生意太好的酒楼为了赶时间，在蚝仔烙中多加了蛋与粉以煎得快一点，反而流失了鲜味。

做得好的蚝仔烙，煎得金黄，镶嵌着青白色的小蚝，表面凹凸不平。鸡蛋煎得酥脆，将蚝仔凝结于其中，而蚝仔个个饱满鼓胀，吃起来软滑鲜嫩，咬下时有爆浆感。地道的吃法，还要蘸着鱼露品

蚵仔烙

味。鱼露是以多种小鱼虾为原料，腌渍、发酵、熬炼得到的鲜味汁液。正宗的鱼露较咸，为了符合粤地其他食客的口味，潮汕店家会调得淡一些，且要加点胡椒粉。

还有一种小鱼仔，潮汕人从小吃到大，名曰"迪仔"。这种鱼多出没在惠来浅海里，十分易得。晚上渔民在它出没处敲船发出声响，便会吸引它们游过来。"迪仔"在潮汕土话里是"笨头笨脑"的意思，估计也是得名于它们的头脑简单、毫无心眼。

迪仔鱼还有另一个名字"小剥皮牛"。它的鱼皮粗厚，吃之前必须要费一番力气将鱼皮剥下。正因为有这一层厚实如铠甲的皮质保护，内部鱼肉的肌理相当结实、甘甜。它的制作方法也不拘一格，可以用豆瓣酱煮，可焖，可香煎。煎制的有咬头，煮制的口感在嫩滑与干香之间达到平衡。对于潮汕人，迪仔鱼就代表着童年的味道。一箸鱼肉入口，远去的岁月便如同潮水般徐徐涌来。

潮汕人给鱼命名的诙谐，从油筷鱼中也可见一斑。油筷是一种野生的小海鱼，身材狭长，正像一支长筷子。用椒盐的做法炸油筷，格外香酥。虽然油筷肉并不多，但鱼骨头也能被炸酥，可以嚼碎，焦香感浓缩入骨头之中。潮汕人喜爱用它做下酒菜，舌尖自有回味不尽的余香。

还有一种鱼，通过潮汕人的命名，多了几分喜剧色彩，即长尾多齿蛇鲻，潮汕人口中的"那哥鱼"。有这样一件由谐音闹出的趣事：一个潮汕人，到了广州的水产市场，见到有熟悉的那哥鱼，便告诉老板："我要那哥鱼。"老板不解："哪个鱼？"潮汕人恼："就是那哥鱼啊！"最后还是要靠一番指点比划才得以相互理解。

潮汕人喜欢那哥鱼，因为它不仅肉质甜美，而且价格亲民。在潮汕似乎有一种不言而喻的规律：刺多的鱼，往往肉质特别鲜嫩。那哥鱼便是如此，鱼刺相当多，吃起来很费功夫，但爱吃的人宁愿忍受这种麻烦。对于大众来说，做成鱼丸，便能免去剔鱼刺的烦恼，还能最大程度地保留鱼肉的原汁原味。那哥鱼是海鱼，比一般的淡水鱼更适合做鱼丸。用那哥鱼做出的鱼丸，鲜有能匹敌者。刚打捞起来的新鲜那哥鱼，去皮、剔骨、取肉，经过上千次手工捶打，直至空气进入，使鱼丸中充满细小的孔隙。成品看起来不太起眼：不

迪仔鱼

那哥鱼鱼饭

是完美的圆球状，而是有些不规则，表面皆是轻微的凹陷与突起，却恰恰说明了每一颗纯手工鱼丸的独一无二。

那哥鱼做成的鱼丸汤，只是一碗清汤，数颗鱼丸，点缀些许葱花。简单朴素，令鱼丸的主角身份一目了然，也凸显了它的嫩滑与清甜。制作鱼丸的工艺虽与牛肉丸类似，但鱼肉的肌理更为绵软，因而鱼丸不像牛肉丸那么紧实，而是以松软弹牙的风味获得人们的青睐。筷子夹取时，鱼丸微微翕动，仿佛稍一用力，它就会从中逃脱。一口咬下，鱼丸内部的众多孔隙带来了清爽的口感，汤汁也从中溢出，伴随着咀嚼声，身心瞬间畅爽。

对于一般人来说，海鲜可能只是偶得的佳肴，总不能顿顿都吃，而潮汕特有的鱼饭则揭示出潮汕人对海产品痴迷的程度——要有多爱吃鱼，以至于把鱼当饭吃？不过，喜爱吃鱼也只是缔造鱼饭的一个因素。鱼饭的背后，是由历史延续至今的食俗。

过去的潮汕渔人，驾驶渔船，深入大海的内腹地带。随着一张张渔网撒进大海，船上的个个箩筐也装满了扑腾乱跳的鱼。当时渔船上没有给鱼打氧的养殖设备，大量的鱼类如果不及时处理，就很容易在炎热潮湿的天气里变质。渔人便用最简单朴素的方式，就地取材，把鱼简单洗净，不剖膛、不刮鳞、不去腮，直接把它们放进渔船上的竹筐里，用海水蒸煮，再把鱼悉数码在一个竹筐上，吊在船头风干，鲜甜的鱼饭就此做成，渔船上的人们也得以擦一擦头上的汗珠，坐下来晃晃悠悠地品尝一顿以鱼为"主食"的大餐。当时潮汕平原的农作物产量低，漂泊在海上的渔民也很难获得米饭。鱼饭肉质洁白甘香，在口感和营养上都不输米饭。一条条全鱼做成的鱼饭，成为渔民出海时代替米饭的食物；上岸后，带有咸香滋味的鱼饭则是下饭送粥的搭档。

后来水稻产量提高，渔船出海返程速度也快了，大米唾手可得，但渔民这一饮食习惯还是保留了下来。如今，鱼饭可以在岸上做，做法也更讲究了些：做一锅鱼饭，要放入不同的鱼，巴浪、红杉、那哥等。鱼泡进一锅含有盐水或海水的调味水里，只泡两到三次，水就得倒掉，因为没有经过宰杀的鱼，往往带着一些苦味、涩味，融入水中，会影响鱼肉的味道。

潮汕渔民下海打鱼

潮汕鱼饭

　　鱼饭保留了海产最新鲜的味道，体现了潮汕人崇尚自然的理念，它的独特风味，也被越来越多人发现：海水中的盐使鱼肉具有一定的咸度，煮出来的汁水又渗透回新鲜鱼肉中，使其中的丰富滋味都得以完好存留。风干后，鱼肉的肌理更结实，越嚼越有滋味，还带有淡淡的竹篓清香。过去用来做鱼饭的巴浪鱼便宜、易得，是低档的喂食家猫的"猫鱼"，现在价格升至十多元一斤，皆因人们口味改变，恋上那一口鱼饭的滋味。

"生腌""打冷" 潮汕人至爱

　　鱼饭是独具潮汕特色的海鲜吃法，除此之外，潮汕人对本味的追求，在另一种令外地人闻之色变的做法上也尤其能够体现，那就是生腌。

　　被调侃为"毒药"的生腌，对食客来说，只有零次和无数次的尝试。不能接受它的人，胆战心惊地浅尝一下，立即匆匆放下筷子；爱吃的人，越吃越上瘾，不断地循环着食过返寻味的探索。

　　生腌，顾名思义，就是将鲜活的海鲜放入腌料后，直接上桌。具体做法为先用白酒如二锅头将海鲜淋洗、浸泡，使之"酩酊大醉"，吐出杂质，并起杀菌之效，再用酱油、辣椒、蒜头等配料，腌制两三个小时，最后洒上香菜头，即可食用。

　　经过生腌的海鲜，肉质透亮，滑嫩如浆。不同食材皆可生腌，酝酿出不同的风味。如花甲，五六月份正当季节，鲜活肥美。可以在花甲生的时候直接腌制，也可以先用沸水灼，刚熟即可捞出腌制。因为都使用秘制酱料浸透，两种做法的味道相似，但灼过的口感与熟吃时的十分相似，稍微紧实一些，更有弹性，而生腌会更爽滑。

　　可以生腌的贝类，还有名为"辽叫"（潮汕话，也作"鸟叫"）的一种小贝壳，一口嗍入它时，吸食声如同小鸟叽叽叫，吃起来柔嫩多汁。血蛤也可生腌，流淌着血红色的汁水，乍看让人望而却步，恰似茹毛饮血，实际上肉质脆嫩，没有腥味。潮汕人吃夜糜（一种夜宵）时配上这些带壳的可爱小生物，开展一场慵懒却有滋有味的消遣，足以把日间的疲倦一扫而空。

　　若要吃一顿丰盛的生腌宴，则少不了青膏蟹。青膏蟹的蟹壳

生腌辽叫

生腌血蛤

生腌青膏蟹

泛青、蟹钳大、肉质饱满，最适合选做生腌。经过生腌，蟹肉晶莹剔透，轻轻撕扯，肉便如透明凝胶般渐渐分开。蟹经过冰镇，入口清凉滑嫩，毫无腥味，有时带有细碎的冰沙。最美味的蟹膏尤为肥腴，膏脂表现出绵糯的流心质感，澄红透亮，仿佛融化的落日，缓缓流淌。

能生着吃的，还有肉质洁净的江鱼。潮汕人也吃鱼生，不经煮熟，直接拿来蘸着调料、配着小菜享用。鱼生的吃法，乃是自古传承而来。古时中国吃鱼生的习俗就普遍存在，《诗经》中有"炰鳖脍鲤"，"脍"指的就是那薄如纸、白如玉的鱼生。现如今，潮汕成了少数保留这一饮食习俗的地区。

从江里打捞来的野生草鱼，宰杀，剥皮，风干，切成薄薄细片，通透晶莹。鱼生放入口中，嚼之爽口弹牙，辅之以配菜酱料，则香盈满口。鱼肉这样吃起来不仅爽脆润滑，且纯粹、自然，保留了食材原本的味道，恰似直接将河海的精华吞入肚腹之中，至为鲜甜。

此外，潮汕人认为海鲜若热着吃，虽然可以减少一定的腥味，但海产特有的鲜味也会有所丧失，所以他们另辟蹊径，将海产煮熟后再晾凉冻吃，或是直接冷吃，如潮州冻蟹、鱼饭、生腌等都是凉食。因潮汕人将海产冻食的做法实在太多，无法一一罗列，所以就将这种煮熟再晾后凉食、又完全有别于北方菜系凉拌食法的方法称为"打冷"。"打冷"的得名，还有一种说法是过去在香港的潮汕人为了争取生存空间，往往结成帮派，他们经常在打架后去潮菜档吃宵夜，边吃边用潮汕话嚷着"打人"，谐音即"打冷"，但此为以讹传讹之说。

"打冷"的食品既有卤浸的方法，也有蒸煮或"焯"的方法，焯法与鱼饭做法类似，用竹笋将海产盛载，浸入滚水之中焯熟，取出晾凉后蘸普宁豆瓣酱而食，别有一番风味。豆酱虽咸，但并不浓稠，结合香芹、蒜瓣等佐料，更能衬托出海鲜本身的鲜甜滋味，进而增鲜提味。

潮汕打冷

　　大海潮起潮落，见证了一代代潮汕人的勤劳能干与灵巧聪明。潮汕人同样深谙大海的味道，并用最接近自然的方式进行演绎与还原。从珍贵海味到常见的小鱼小虾，众多渔获在潮汕人的案板上翻滚、扑腾，待到上桌之时，则成了色香味俱全的艺术品，同时保留了鲜活时的生猛。

肉食：钟鸣鼎食的极致追求

潮汕人对吃极尽讲究。在肉类为稀缺品的年岁，若能获得一斤半两肉，潮汕人并不会匆匆煮熟、囫囵吞下，而是先思考一番怎样做才最好吃。如果有条件，那么既要选择好的食材，又要将其各部位分门别类，以特定的方法制作，待到吃时，还要蘸取专门的酱料。如此讲究而毫不将就的态度，与潮汕源自中原钟鸣鼎食家族的历史文化似有呼应。贵族的礼制与精致追求，体现在饮食上，则表现为对待食物的认真。这也渐渐成为一种风气，影响到整个潮汕社会。

独门卤水　灵魂演绎

潮式卤水，是潮汕人炮制肉食的一大独门秘诀。卤蛋、卤鹅、卤鸭、卤牛肉、卤五花肉、卤肥肠……对潮汕人来说，"万物皆可卤"。种种卤制品，又以卤鹅为尊。

卤鹅是潮汕人逢年过节、祭拜先祖神灵时必备的菜，也是日常生活中最受众人喜爱、最具地方特色的高端菜。潮州话里常说"剁盘鹅肉请人客"，足以见得请人吃卤水鹅，既有面子，又有滋味。一盘卤水鹅登场，便能带来宾主尽欢的效果。来潮汕不吃卤水，就错过了贴近潮汕人生活的机会。

卤水鹅对食材的选用有着严格的要求。鹅有狮头鹅、平头鹅等不同品种，但潮汕人眼中，最好的是潮汕特产的狮头鹅，有着丰腴甘香的肉质。狮头鹅，原产于潮州饶平。这是世界上体形最大的鹅种，其体形硕大、带有威武之气，头顶上还有一个狮子头般的肉冠。汕头澄海县将它与其他鹅种杂交，培育出大名鼎鼎的"澄海狮头鹅"，是育肥鹅肝的最佳选择。

卤水鹅的食材不仅品种要好，还要是农家自养的走地鹅，在山清水秀的乡间水塘边自由生长。狮头鹅喜水，每天至少游泳一两次。

潮汕卤水拼盘

据说这些不羁的鹅随性惯了，咬起人来也比一般的鹅要狠。看来想吃到美味的鹅肉，下手抓它们时也得当心。

在潮汕乡间秀美风水之地成长的禽畜，遵循了动物生长的自由本性，在水、陆、空随心驰骋。正因为有了足够的空间活动，它们便长得一身结实而肥美的肌肉，吃起来，自然带有紧实弹嫩的鲜香口感，让人欲罢不能。

一般来说，鹅养到两三年，肉质肥瘦适宜，自带甘香，便可上桌，再老一些，肉质便会硬了。不过，要吃鹅身以外的其他部位，鹅的年龄倒是越大越好。养到五六年时，鹅的头、掌、翅膀就会愈发硕大，因为这些地方没多少肉，随着年岁增长，皮下脂肪便也更丰满，吃起来更有弹牙的口感。尤其是鹅头，有着细嫩的鹅脸肉、绵软的鹅脑髓、饱满弹牙的鹅冠、胶质满满的鹅颈肉……因此许多潮菜馆标榜"五年老鹅头"，一个鹅头能卖到上千元。此外，鹅的年龄越大，许多人魂牵梦萦的鹅肝也长得越来越大，更具润滑的风味。

要做好一只卤鹅，工序并不简单。刚宰的光鹅腹中，先填入五香粉等腌料，悬晾入味。在这期间，则用南姜、八角、桂皮、茴香、蒜头等香辛料，混合红糖、酱油、鱼露，再掺入各家独有的秘制调料，制作成融合数味的卤汤。在诸种配料中，潮汕特产的南姜在卤水中极其重要，对于去除鹅的腥味功不可没。外地人制作潮汕卤水往往不正宗，原因多半在于不知要加入这种南姜。

时候一到，便把悬晾的鹅放入卤汤中反复浸煮，使香味穿过皮层，渗入肉中、骨中。薄卤慢慢沁透全鹅，最终成品全然不见浓稠酱汁的身影，只是整只鹅都染上了蜜糖色。这与鲁菜的浑成厚重，徽菜的重油、色深味浓，本帮菜的"浓油赤酱"，都截然不同。

待到全身如琥珀般亮泽的卤鹅摆上桌台，便可举箸，细细品尝皮之酥嫩，肉之肥美。潮汕宴客菜，往往会把卤鹅做成卤水拼盘，精心挑选出鹅身上最好吃的部分，将鹅肉、鹅掌、鹅翼、鹅肾、鹅肝、鹅头等不同部位作为食材，使得一只鹅可以吃出多重口感味道：鹅肝极鲜美，色泽粉嫩，滑入口中，很快便如同奶油一般融化开来；鹅掌翼的皮层醇厚，韧爽且有嚼劲，带着骨头的香味；鹅头丰腴，鹅冠和腮部胶质感十足；鹅肠宽厚肥美，分外脆爽；鹅身的皮肉之间带着一层薄薄的油脂，柔滑润泽，回味无穷。

除了卤鹅，另一种经卤制后声名远扬的食材，便是猪蹄。火遍全广东、正逐渐走向省外的隆江猪脚饭，也是潮式卤水制作而成。在广东许多人口密集的生活区，隆江猪脚饭的招牌星星点点，遍布各街头小巷之中。因其价格实惠而味美，与沙县小吃一同扛下土生土长的中式快餐的半壁江山。

卤水猪脚的制作过程与卤鹅相差无几。在选材上，倒没有特殊品种的要求，只是要优先选用个头肥大的猪蹄，这样卤出来的质感较黏，吃起来绵糯而不粘牙。制作时，经过一番火烧后水浸的功夫，去除猪皮上的杂毛；冷热交替，也有助于最后形成弹韧的口感。把猪蹄分段斩开，码入锅中，倒入卤汁熬制，在卤制时，有"油滚油"的效果：秘制的卤水本身就带有油脂，猪脚的油脂也融入卤水，为卤水增香。

卤制数小时后，猪脚便可出炉。猪蹄被浸染得红润油亮，澄亮诱人。半肥瘦的猪脚饭最为可口，表皮的胶质软弹爽韧，瘦肉酥烂多汁，蹄筋晃晃悠悠地闪烁着水晶般的光泽，饱满细滑。卤汁香浓入味，配上可口的酸菜调味，最终达到了肥而不腻的效果。卤猪蹄为匆匆吃午饭的人们带来满足感，也让步履不停的都市生活与市井烟火相融。

潮汕卤水的用料极为复杂，最终呈现出的口味却统一而醇正。各家师傅对卤汁的调配也各有秘籍。一锅卤水，在浸泡完食材后并不会倒掉，而是会一直保留。每次需要卤制时，再加入新的香料去煮，每天也要煮沸，防止细菌滋生。卤水在多年重复卤肉的过程中，逐渐沉淀了醇厚浓郁的肉味、各色香料的风味，各种味道经过时光的酝酿，达到了醇厚而平衡的境界。

卤水越老，卤出的味道也更加回甘。陈卤水对卤水店来说非常珍贵，万一店铺倒闭，店主人最舍不得的也是那一缸卤水。人们向其中倾注了日日夜夜的心血，而它也陪伴人们制作出无数餐美味。

潮菜体系庞大，内部分支较多。且不论新派潮菜和传统潮菜之分，即使是土生土长的乡村潮菜，在澄海、潮州、饶平等不同地区，

隆
江
猪
脚

也有所不同。但在这个大体系的内部，有着相似的调性，只是各地在口味偏向的细节上略有差异。在卤水上，则体现为汕头卤水味道相对调和，澄海卤水入味更浓郁，潮州卤水则更淡雅。

潮汕卤水与广式卤水也有区别。潮汕卤水呈浅红色，色泽清澈，尤其突出南姜的风味。南姜气味格外高扬，可谓君臣佐使中"君"的地位。此外，其还有鱼露为底色带来的咸鲜感。吃卤鹅时，多配米醋或蒜泥醋，解除肥腻感。广府卤水的汤底更甜，呈现出绛黑色。在食材上，广府菜做鹅以烧鹅出彩，享用时则配上一碟酸梅酱，别有风味。

卤水制品的妙处，就在于体会各种香料、佐料如何混合碰撞出千万般滋味，最后和而为一。也许只有用心品味的食客，才能窥探出一些蛛丝马迹。

烹猪解牛　惟精惟巧

潮汕人吃猪的特色方式，除了猪脚饭，还有另一种传统做法——手工猪肉饼。

与一般将新鲜猪肉剁碎后直接蒸熟的肉饼不同，潮汕人做猪肉饼与做丸子的工序有异曲同工之妙。首先把新鲜猪肉绞烂，然后用铁棍捶打。在这个过程中，还要更换捶打的铁棍。调浆时，放入蒜头泥与猪油丁，使口感更加丰富，类似做法的鱼丸和牛肉丸则不加，而是直接打到最细腻的程度。现在越来越多人使用机器捶打肉泥，但讲究口感的店家，最后一道工序还是坚持人工手打，无法代替。因为用手挞打会更松软、更有黏性。在把肉打成饼的过程中，手工大力挞打也使得空气可进入肉质内部，获得疏松的口感。

最后猪肉饼蒸好出锅，再依据不同食法，或煮或蒸，或切条或切片，各适其所。食用时，猪肉饼喷香四溢，饼面带有些许小孔洞，吃起来便有疏实结合的丰富体验。切得薄一些，和粿条汤搭配，入口脆弹，咬下便汁水满溢。或是保留厚度，经过香煎，使得外层的肉质变得金黄香酥，内部松软，总体的口感干香爽弹，肉味十足。

猪皮冻是北方常做的冷盘小吃，在潮汕也是一道传统小食，又名潮州冻肉，最适合冬天食用。潮汕人爱吃这道菜，是否因为先民

自宋代逃难南下后，依然保留着中原食俗，就不得而知了。只知现在的潮汕人在吃粥糜时，也颇喜爱作为佐食的猪皮冻、猪脚冻。

有一句潮州俗语与这一小吃有关："食潲配冻——免钱。""潲"指粥糜的汤，"冻"指肉冻中没肉的部分，"免钱"即免费。据说，这句话源于揭阳炮台镇一位好心的小吃店主，他经常将汤潲和肉冻拿给穷苦人吃。人家吃后道谢，他便回答"食潲配冻——免钱"，意为这些东西没米没肉，值不了什么钱，不用客气。又有另一种说法，认为这句俗语是在讽刺贪小便宜的人钻店规的空子，专挑免费的东西吃。

做猪皮冻，要把猪皮上覆着的油脂刮得干干净净，如此凝结后才会干净透亮，也毫无油腻感。将猪皮加清水下锅，待到大火煮开，转为小火慢熬。待汤汁冷冻凝结，肉冻便如同水晶般晶莹剔透，分离成为两层：下层猪皮沉底，叫混冻；上层没有猪皮，清澈如冰糕，叫清冻，也就是"免钱"这句歇后语所指的"冻"。

冻好的猪皮冻颇像一件艺术品，小心地将其切成薄片，再加入老抽上色，透亮的皮冻便染上了微微的褐色，如同马蹄糕状。蘸料用鱼露加胡椒粉，伴有香菜。如果与粥同吃，可要小心它放进热的粥里会很快融化，倒不如直接入口，体会它的清爽与腴润并存，以及那一点点在口中化开的柔润。

在潮汕菜的范畴里谈论肉食，更离不开现在全国范围内遍地开花的潮汕牛肉火锅。牛肉火锅的大获成功，与潮汕人对待牛肉这一食材的认真分不开。

潮汕背山面海，自古以来就面临着平原地带人多地少的问题。在这寸土寸金的地域，并没有多少田地可以用于养牛。后来随着一部分人出海经商，劳动力从农业中解脱出来，大量的耕牛也从农田中被解放，进入了当地人的胃。

潮汕人与客家人在岭南比邻而居，有不少密切接触的机会。在往来贸易中，潮汕人也获得了客家山区提供的牛。现如今大名鼎鼎的潮汕牛肉丸，据说也是从传统的客家牛肉丸中取法并精进的。清末和民国初期，有客家人在潮州府沿路挑担卖牛肉丸，尝到牛肉丸美味的潮汕人，进而运用自己制作鱼丸手艺中的铁棍捶打、握拳挤丸等方法,达到了青出于蓝而胜于蓝的效果。

至于潮汕牛肉火锅具体是什么时候开始成形,已经无法考据。不过在民国时期,已有异邦人士对潮汕牛肉赞不绝口,从中也可看出潮汕牛肉的做法已经拥有了征服异国舌头的魅力。

今天的潮汕牛肉火锅,主打新鲜牛肉,肉质细腻肥美。让我们且来体验一下一家潮汕牛肉火锅店的热火朝天吧:一个冬至的夜晚,一家潮汕牛肉火锅店早已排起了长队。冬天是吃火锅的好时候,牛肉在冬天的肉质也比夏天更好。来晚的顾客,只能暂且在门口拿小凳子排排坐等,闻着从店内飘出来的汤香与肉香,强压早已涌上的食欲,然而腹中咕咕作响的声音却出卖了自己。而落座的食客,在水汽氤氲中围着咕嘟冒泡的汤锅,一经上菜,便挽起袖子准备开干了——不过且慢,涮肉之前,可有讲究:潮汕人吃牛,首先分黄牛、水牛,其次牛身上每个部位的烹饪技法、时间、吃法都不一样。每家潮汕牛肉火锅店里,都少不了一张清晰绘制的"全牛图"。细看下来,牛身各个部位被划分出来,分别标上了脖仁、吊龙、匙柄、五花趾、三花趾等,并附上各个部位应该在沸水中涮上几秒的说明。

以脖仁为例,可见潮汕牛肉火锅的精细。脖仁在牛脖颈的中心,运动频繁,是一块活肉。在上桌之前,脖仁还需要经过一番奇妙的旅途:从新鲜宰杀的牛肉中挑出脖仁,迅速用一块干净的湿布将其包裹起来,放入冰箱稍加冷冻。这样的处理方式保留了脖仁中的水分,冷冻过后切片切得更薄,具有甜脆感。

上桌时,鲜红的牛肉以雪白的油花作衬,如同一幅扎染的画作,惊艳四座。放入汤中,稍稍涮上几秒便可享用。入口时,同时感受到脂膏的肥美和细微的嚼劲,软嫩而有一定的韧度。

比起其他口味浓重的火锅,潮汕牛肉火锅所需要的无比简单:汤底用牛骨熬出,不加其他调料;配以现宰牛肉、粿条、时蔬,即可构成一顿美食。看似清汤寡水,但并不是无味和偷懒,对食材的新鲜度有极高的要求,也是对原材料之属性的极致运用。以牛骨汤为底,下火锅涮煮牛肉、肉丸时,便能够避免其原味渗透到汤水中,从而使食材更具浓郁的牛肉味。"少即是多",这正是潮汕人的烹饪哲学。正是简单的组合,才不至于掩盖食材本味,使"物之真味真性俱得",每咀嚼一下,鲜香浓郁之感便多上一分。

潮汕牛肉火锅

吃潮汕牛肉火锅，重在吃牛肉本身的鲜美。初入火锅店的新手食客，纯吃牛肉就已经感觉鲜掉舌头。而资深食客，总想要再增添些滋味，吃出"花"来。至于蘸取什么酱料，食客往往根据自己的口味来调节。至于潮汕人自己吃牛肉，则几乎必点沙茶酱，香而不辣。

在食材搭配的酱料上极尽讲究，也是潮汕菜追求极致的体现。潮汕菜讲究本味，而酱料风味繁多，使用起来也各有章法，各有讲究。孔子有"不得其酱不食"的说法，如没有适合的酱醋调料，宁愿不吃。潮汕人与孔夫子可谓有着非同寻常的默契。在潮汕菜馆吃饭，往往伴随着一个个洁白的小味碟，在桌面上铺排开来，分别盛着姜米醋、蒜泥醋、辣椒醋、酸梅酱、辣椒酱、沙茶酱，还有味道独特的鱼露……色彩纷呈，恰如一个彩色颜料盒般琳琅满目。潮汕火锅店的调味台上，也有比其他店家更多的选择，可满足食客的各种偏好。有时仅一道菜，服务员就会呈上数种调味品。潮汕菜之醇厚，于香味浓郁的酱料中可见一斑。

以牛肉火锅为典范，可见潮汕人的烹饪哲学。一物当有一物之味，而在潮汕人看来，即使是同一物，不同部位的妙处也不同。他们既重视牛肉本味的返璞归真，也不忽略搭配酱料所赋予的专属滋味，在纯粹中见出丰富。对于食客而言，牛肉火锅除了食用时完美的味觉体验，还有自己动手、注视着食材逐渐变熟的乐趣，众人围坐畅谈的开怀。凡此种种，都使牛肉火锅的魅力显现出来。

诸种肉食，有着不同的弹韧和嚼感，因而具有属于自身独一无二的吃法。得当的食材配上合适的制法，才能让食物本身的味道得到最大程度的彰显。潮汕人对于味觉本真的执着，使得他们能够发现最契合本味、最契合自身饮食习惯的处理方式。挑剔与追求极致的态度下，潮汕人借助特定的食材与技艺，带来了超乎寻常的味觉体验。对极致吃法的探索，是对美食之热忱的最好表达，传承了潮汕独特的美食文化，也将追求美食的基因刻入了血脉之中。

雪沫乳花浮午
盏蓼茸蒿笋試
春盤人間有味
是清歡

蘇軾詞浣溪沙細雨斜風作
曉寒白壬寅冬沈永泰

潮汕菜

平素生活不苟且

二

粥糜与佐食：日常满足与慰藉

潮汕是美食的汇集地，如果你前往品尝，会被花样迭出的菜品小吃所淹没，置身于幸福的海洋。然而在潮汕家庭的餐桌上，最不可或缺的只是一碗普通的白粥——也就是潮汕人口中的"糜"。如果拥有一颗土生土长的潮汕胃，一天不食糜，则恍然若失。更热爱它的人，则一天起码要吃两次糜：早餐来一碗清润醒神，宵夜还要去独具潮汕特色的"夜糜摊"里消遣一番。

"糜"道至简　真味是淡

潮汕人为何如此爱吃糜？从地理上看，尽管潮汕平原是广东第二大平原，但因为人口密度大，人均可耕种的土地并不多，稻米的产量也并不大。不过，这恰恰可能是潮汕人爱吃糜的原因：大米很稀缺，所以用煮粥的方式，能比煮饭得到更多碗。潮汕俗语里有"焖三糇四，淖糜十二"的说法，意思是同样的米，可以焖出三碗饭，糇（潮汕的一种特色煮法，米粒较为稀松）出四碗饭，却能煮出十二碗糜。在食物不充足的岁月，更多的碗数能提供足够的饱腹感；在挥汗如雨的炎热气候下，一碗含有大量米浆的糜也能够为劳作的身体及时补充水分。

后来，潮汕人逐渐展开了围滩造田的工程——将海滩用高高的堤坝围起，改造成耕地。随着历代朝代更迭，围田面积扩大，就形成了一片葱葱郁郁的沿海平原，为大米的供给提供了保障，这片平原同样也是潮汕人民智慧和毅力的象征。大米的产量足了，但潮汕人爱吃糜的习惯还是保留了下来。

实际上，放眼整个地处热带与亚热带的岭南，人们都爱喝粥，街头巷陌的粥品肠粉店随处可见。粥水顺滑易入口，在食欲不振的炎炎夏日成了早晚最适合的主食。在阴湿的冬季，一碗冒着热气的

潮汕白糜

白粥同样能带来贴心的温暖。作为广府菜代表的明火白粥，追求水米交融的效果，米粒开花，形成白灿灿的一片，正如袁枚在《随园食单》中对粥的形容——"水米融洽，柔腻如一"。顺德菜更甚，其毋米粥整锅粥几乎如同米浆，吃不出米的痕迹。

不过潮汕的糜与上述两种粥不同，潮汕倒是喜欢使米粒与米汤间存在一定的界限，并在上层保留白如凝脂的米浆。这样的糜可喝可嚼，如果要咀嚼，可以感受到颗粒感；如果牙齿想要"罢工"，也可直接让米粒顺着滑稠的米浆入喉。潮汕粥之所以要保留米粒感，而不像广州的粥只放一点米，整碗粥如同汤一样，也是出于将其作为主食的考虑，要靠这个填饱肚子。如果没有米，人很快就会饿了。

要煮出符合潮汕人口味的糜，做法也有讲究。最好用短胖黏糯的粳米，也就是当地人叫作"肥仔米"的米。其中东北米尤其受青睐，能煮出既有黏性又有硬度的米粒来。煮时将米跟水同时下锅，让米粒在水中翻腾。待到水滚开了，掐住米粒刚刚开花的时点，立即关火，盖住锅盖，用余热将其烘熟。这样一来则保持了米粒的完整性，留住了它本身的成分与米香味。同时也需要注意把控好水米占比，这种微妙的掌控，是需要经验来沉淀的。

盛粥时同样有讲究：将勺子沉下，捞起底部的米粒，连同米汤一起装半勺，最后再轻轻带起表面的粥浆，一碗潮汕味满满的粥便呈现眼前。

捧起温热的白糜仔细端详，煮熟之后的米粒饱满鼓胀，粒粒可爱。一勺入口，便有香浓的米香在口腔中弥漫开来，咽下顺滑的粥浆，则肠肚清爽。早餐的一碗粥，如一束温柔的光将人唤醒，既饱腹又温润。看似平平无奇，却能带来悠长的回味，这就是粥的妙处，"莫言淡薄少滋味，淡薄之中滋味长"。

潮汕人如此推崇白糜，也因为他们相信糜的养生功效。位列潮州八贤之一的吴复古是苏东坡的好友，东坡也从他身上学到了食糜的养生之道，在书帖中记载："夜饥甚，吴子野劝食白粥，云能推陈致新，利膈益胃。粥既快美，粥后一觉，妙不可言也。"由此可见，白粥能养胃生津，安神助眠，带来身体与心灵的畅快感。有一家潮汕餐饮店的店主，店里卖的是山珍海味，他仍坚持每天以白粥为主食。据他说，几十年来，自己身体体重变化幅度不超过两斤。如此精准的体重管理，不能不让人为之叹服。有减肥需求的食客，或许可以效法之。

糜之良配　成就彼此

只吃粥糜，难免会感到口淡。潮汕人家的早餐，常常是煮一锅黏稠香浓的白粥，佐以一两碟杂咸，增添滋味。今日，即便是一些高端的潮汕菜馆里，这些小食也仍然是烹调时的灵魂所在。

杂咸，最早是一些简单的腌制小菜。和客家人一样，潮汕人喜爱吃杂咸有着历史上的原因。古时潮汕平原人多地少，若再遇上收成不好的年头，粮食则远远供不应求。因此，潮汕人对食材物料极为珍惜，想方设法物尽其用。且当地气候湿热，食物不耐储存，便形成了潮汕人善于制作腌卤的食俗。各种蔬菜瓜果，均可或切或完整地腌制成杂咸，方便长期保存。潮汕菜脯（萝卜干）、咸菜，口感独特醇厚，最负盛名。

除了杂咸，潮汕还有不少烟熏食物，也是为了便于保存享用。由于当地气候湿润，并不能像粤北地区的人一样直接风干食物，于是潮汕人就地取材，用当地的甘蔗提炼出的红糖腌制鸭胸肉，并将废弃的甘蔗渣重复利用，将其点燃，烟熏鸭胸肉，制成香气馥郁的熏鸭脯。

与客家菜不一样的是，潮汕菜里的杂咸不仅仅满足果腹的需要，人们还渐渐发展出更多的杂咸种类和吃法，形成了一百多种不重复的小食。

在潮汕人吃夜糜的大排档里，夜宵供应仿佛一场盛大的庆典，每夜都在上演。明档桌面上一长串排开几十乃至上百种小食，琳琅满目，从头到尾把每一道菜细细看清，都要花十几分钟。估计365天，潮汕人每天都可吃到不重复的夜宵。

朝伙计指指心仪的小菜，它们就会在落座时逐一送到桌上。外地人第一次体验潮汕人的夜宵生活，被数十道小菜簇拥着，想必会十分惊诧。本不是正餐，它们却如同满汉全席一般丰富，每道菜的制作也相当精良。

其实，今日杂咸纷呈的形态背后，蕴藏着奠定潮汕菜特点的一

潮汕杂咸

段历史。南宋末年，宋王室在北方强敌的步步紧逼下，一路南下，直至崖山。陆秀夫背着南宋末代皇帝，投海殉国。而那些存活下来的随行臣子，便留在了东南沿海一带。潮汕作为远离追兵的偏安之地，能带来足够的安全感，许多钟鸣鼎食之家，以及食官、大厨、女眷，于潮汕落地生根，至此，宫廷御膳便也"飞入寻常百姓家"。

追求品质与风雅的大宋宫廷，传继了汉唐饮食之精华，自带精细的饮食习惯，以及对烹饪工艺的那份执着，这些一并被潮汕人习得和传承，令潮汕的饮食精巧，在粤菜中无出其右者，乃至在全国菜系中都有一席之地。

潮汕人精细讲究的态度，在杂咸上则体现为一碟碟分量不大、口感味道却并不马虎的精致小食。现在可用来送粥的杂咸，已经远远不止腌制瓜果，而是具有更广阔的内涵。除了腌咸菜，杂咸还包括各种酱菜、卤水、海鲜、甜食，几乎所有食物都可以成为宵夜中一碗糜的配菜。杂咸的变化，也见证了潮汕人生活翻天覆地的变化。

无论怎么变，潮汕人最爱的送粥食物还是菜脯，其地位稳如泰山。菜脯是用白萝卜腌制而成的萝卜干，制作过程中需要经过反复的晒腌：每天白天拿出来晒，晚上又压回缸里腌。根据腌制时长不同，可区分新老菜脯，嫩或老都各有口感、味道。新鲜的菜脯吃它的干爽，咀嚼起来嘎嘣脆，带有清香与微微的甜味；老一点的菜脯呈黑色，有浓郁的香味、绵糯的口感。潮汕人认为菜脯配粥可以呵护肠胃，有的老菜脯可以腌制几十年，已然具有非同一般的药效。这种如同宝贝般珍贵的老菜脯，位于各大餐厅的高端菜品之列。

有时候，潮汕人也会把菜脯直接放入白粥中同煮，制作成一碗菜脯粥。有时，他们还会在粥中放入一些鱿鱼丝、干贝、菜心、香菜之类调味。对这一碗菜脯粥来说，老板用的料足不足，不是看他放的海鲜有多少，而是看放的菜脯有多少。不过也要注意控制菜脯的用量：放得多过了头，粥也会变得酸酸涩涩，有损口感。除了直接配粥吃，菜脯也可以用来煎蛋、焖鱼、煮汤，相当百搭。

另一种潮汕传统称为"咸菜"的杂咸，并不是对所有咸味腌制蔬菜的泛称，而是特指用大芥菜腌制的咸菜，比新菜脯稍咸一些，但依然有爽脆鲜甜的口感。同一种菜用不同的腌制法，还可以腌制成酸咸菜，口感酸而软，也非常美味，真可谓是化腐朽为神奇。腌制好的咸菜与酸咸菜，可以手撕切片后直接上桌，也可以加入猪油炒热，喷香扑鼻，让人闻到味儿便忍不住要夹起几片送粥下饭。

还有一种冬菜，主料为白菜和蒜头，经腌制发酵而成。没吃过的人，第一次闻其味道会感到有些刺激，不一定能接受。然而配粥食用，它的妙处便显现出来了：既能够去除海鲜和肉类的膻腥，又使整锅粥增鲜提香。

腌制咸菜类杂咸中，除了蔬菜，也有水果与肉食。果类如腌乌榄，乌榄是潮汕产的一种黑色的橄榄，不像青橄榄一样可以生吃，而是要装进玻璃瓶中腌制。乌榄除了有草本的清新以外，还带有特殊的木质调香气，可以送粥或作为烹饪配料。乌榄制作成杂咸时，光泽油亮、咸味浓郁，吃了要扒拉好几口白粥，才能缓过劲儿来。肉类如咸肉，用盐腌的时间恰到好处，再经过半煎炸的处理方式，整体口感较为干爽，其肥肉部分偏硬而脆，故肥而不腻，不会过咸。

杂咸中的酱菜则是指并不单纯用盐，还用上如糖醋、豉油、鱼露、普宁豆酱等其他酱料来腌制的一类杂咸。经典的酱菜如贡菜，"贡"并非指贡品，而是指腌制方法。贡菜使用大芥菜的卷心部分，将其曝晒晾干，加入食盐、糖、南姜末与白酒腌制而成。如腌的时间不长，便呈青绿色，味道清新爽口；超出一个月，则转为黄褐色，更具酱香醇厚的风味。总体而言，贡菜口感比咸菜更为脆爽。用酸梅酱浸花生，赤红色的花生米带上了酸酸甜甜的滋味，咀嚼时又能感受到果仁的浓香。新鲜的白萝卜也可以用醋腌，脆嫩而湿润，水灵灵的，颇能赢得喜好酸辣口人群的喜爱。

海鲜如鱼饭、生腌，也能被纳入杂咸的范畴中。鱼饭的做法使其自然地带上了咸味，且鱼肉质较硬，夹取一小撮肉便能使整碗粥有滋有味。生腌的薄壳、虾蛄、生蚝、血蛤，汁水充盈，咸辣适中，海的味道集中蕴藏于这小小的壳肉中，能让人鲜掉舌头，尤其是经过冰镇后柔滑的冰凉感，比冰淇淋有过之而无不及。还有一种叫作红肉米的小贝壳肉，加入酱油、葱花炒，香味四溢，一勺足以下一碗粥。

潮汕人吃粥时还特别青睐一种叫作蟛蜞的小蟹，这蟹比一根手指大不了多少，同样有丰盈的蟹膏，无比鲜美。清人屈大均在《广东新语》里记载潮汕人吃蟛蜞的方法,"以盐酒腌之,置荼蘼花朵其中"。用花朵摆盘,这种对精美的追求让人联想起西方文艺复兴时期,意大利佛罗伦萨的贵族在餐桌上铺洒花瓣,以增添美感与营造雅致氛围的做法。现今的潮汕菜式也善于装饰,厨师刀工细腻,摆盘造型感极强,还用竹笋、萝卜、番薯、柠檬等精心雕刻成各式花鸟,点缀其中。食客在一道道色、香、味俱全的菜肴里,先是获得了美好的视觉印象,而在动箸品尝之后,更享受到味觉的洗礼。

其他送粥小吃,如盐水浸泡过的鲜木耳,卤水制作的鸭血、鹌鹑蛋、豆干,炒麻叶等时蔬,各类豆制品,各式粿品,都能在夜糜档上找到。诸多小菜在当年是物资缺乏时想尽办法来佐粥的产物,现在则是为了满足夜间人们的胃口。日本导演黑泽明有一句名言:"宵夜是精神上的营养。"潮汕人得到了如此丰盛的夜宵滋养,想必会更多几分满足和快活。

无论杂咸多么精彩,在本质上仍然是白粥的配料。小菜可以缺少一二,白粥却是非有不可。正如大家冲着某个演员去听戏,按捺住激动的心情观赏配角们设下的铺垫转折,皆是为了一睹那位真正的主角出场时的风采。诸多小菜如百鸟朝凤,围着一锅白粥旋转,一并点亮了白粥的光辉。

鲜香"芳糜""和合"为美

白糜清淡自然,重在使食客感受米香味,也给了诸多小吃大展身手的机会。除了朴素的白糜,潮汕人还吃一种"芳糜",或者称"香糜"。芳糜是加入了其他食材、经过调味的粥。颇具名气的潮汕砂锅粥便属于香糜中的一类。砂锅粥的内涵更加丰富,仅凭一道粥品,便可成为一顿餐食的担当。

潮汕砂锅粥,不同于广府人的粥。广州烹粥不用煮而是煲,一般要煲制几小时始成,一声老火粥道尽了其中奥妙。老火体现的是一种用心耗时之后的香滑软绵,常见的是白粥、味粥,而味粥的粥底更是在添加瑶柱汤汁等方面花足功夫,然后加入各种用料,形成了艇仔粥、及第粥、皮蛋瘦肉粥和牛肉粥、滑鸡粥、水蟹粥等,以复合味的丰富口感为主。广州另有一种生滚粥,是将不同食材如猪肝、鱼

片等，放在沸腾的白粥里烫煮片刻，食材一熟就可关火，吃的就是食材本身的鲜嫩口感，而对味道的组合则不甚讲求。

潮汕地区烹粥则多称为"煮"，虽烹煮耗时不长，但讲究的是烹制后的米香与浆色，粥仍可见颗粒，但入口绵化又易充饥。特别是潮汕砂锅粥，选用好米与新鲜精致的食材，配好水米比例，把米与食材同时放进一口砂锅当中，一齐猛火快煮。食材与米一起煲煮，讲究的是突出用料的本味，用什么料是什么味，蟹粥是蟹味，鸡粥是鸡味，各有千秋。

潮汕砂锅粥一般选用海鲜做食材，也可选用排骨、鸡肉、蔬菜，全依个人口味。虾粥、蟹粥、鱼粥，一煲煲小小的砂锅里，相应的食材配相应的粥底，各自有乾坤。食材熬得软烂，鲜味融到粥水中，与粥糜互相交融，不分彼此，味道鲜美无比。有时砂锅中同时放下数种食材，以一种为主料，其余为点睛配料，各种食材的滋味相辅相成，浓缩成一锅融合精华的砂锅粥。

如此一锅砂锅粥，让人联想起潮汕人的"和合"精神。早些年，潮汕人在四处经商与海外拼搏的过程中，于异乡摸爬滚打，尝尽了漂泊的苦难与艰辛。出于淳朴的同乡情谊与宗亲感情，他们彼此帮扶，团结起来，形成了极强的群体凝聚力。一口砂锅粥中统一而纯粹的味道，正如潮汕人的族群特点。

从一碗粥中，也可透视出潮汕菜的特点：可运用的材料繁多，而最本质的特色是追求真实与统一的本味。潮汕人做菜追求物尽其用，将每一样材料运用到极致，将每一道菜的细节做到最好，体现出不同的层次与变化。小菜的繁多与精致，则可见出潮汕人精益求精的秉性与受南宋宫廷和士大夫文化影响的痕迹。

对潮汕人来说，白糜如同白月光：在美食之路上寻寻觅觅，历经千重繁华，最终还是回归平淡与朴素。它能在夜间照亮疲惫忙碌的生活，给予肠胃抚慰。砂锅粥则如同一个小天地的缩影，容纳万物，又是水、米与食材之间的默契合作。一碗粥是日常的习惯，也是山珍海味后的洗练，既能出入寻常人家，也能现身高档酒楼，其中蕴含了味的追求与情的牵挂。"真味是淡，至人如常"，糜的可贵，在慢慢品尝中，便会慢慢懂得。

素食：清香滋味长

海鲜水产是潮汕的名片，而在潮汕广阔的平原与和缓的山丘上，亦有着丰饶的农作物出产。

潮汕平原西北部，峰峦重叠，绵延百里。自北而下的寒流在此受阻，踟蹰不前，温暖的气候便在山峦的环抱中形成了。漫山遍野绿意盎然，在一眼望之无尽的水田上、果林间，日光一年四季慷慨地照耀着，即便在冬日，菜蔬也生长得欣欣向荣。土地与人力的结晶，成为本地人烹饪料理的上好食材。

四季都有新鲜的果蔬供应，使得人们在日积月累中熟习了烹饪素食的经验。潮汕人在烹饪蔬菜、果实乃至豆制品方面，都具有对食材非同一般的领悟。

素菜荤作　素而不斋

潮汕地区人多地少，农田趋于精耕细作，有"种田如绣花"之称。正如刺绣时一针一线地密密织缝，农民们一年四季用心地对待这片良田沃土，也获得了大地的回报。收获的菜蔬，水灵灵、脆生生，品质上佳。

潮汕盛产的番薯叶，顺滑爽口，是人人都爱吃的家常菜。番薯叶在客家菜、广府菜里也颇受青睐，但在潮汕菜里，它的地位更胜一筹——以番薯叶为主料做成的"护国羹"，乃潮汕宴席汤菜中的上品，是在接待贵客时必上的招牌菜。据说泰国前总理他信品尝这道菜时，对此赞不绝口。

番薯叶之所以能实现从草根到贵族的逆袭，与一个传说密不可分。南宋末年，为避战乱，年幼的皇帝赵昺逃到了潮州的一座古庙内。但这座破败的庙中缺乏食物，方丈只好叫小和尚悄悄摘些番薯叶来，焯水除去涩味，再剁碎以免让人看出是番薯叶，因为这菜本

是喂猪的。碧绿清香的菜汤做好，小皇帝饥不择食，倒也吃得津津有味，便问方丈这是什么菜，方丈答道："贫僧不知此汤菜叫何名，但愿能解皇上之困，重振军威，以保大宋江山。"小皇帝十分感动，于是将其封为"护国菜"。

这样一个故事流传甚为广泛，于是番薯叶自然也沾上了光。以至于有人写诗记录番薯叶的功劳："君王蒙难下潮州，猪嘴夺粮饷冕旒。薯叶沐恩封护国，愁烟惨绿自风流。"

不过，根据历史知识，番薯是明朝万历年间才传入中国的。即使这个故事是真的，方丈用的野菜也一定不是番薯叶。现在有人考证，可能当时用的是潮州常见的菠菜或者厚合菜。但无论如何，用番薯叶做护国羹的传统已经定了下来。

今日人们不再受战乱与饥荒之苦，现在的护国羹，也已经不同于故事中清汤寡水的蔬菜羹，从选料到制作上都精良得多。拣取番薯叶尖翠绿鲜嫩的部分，加上干贝或虾蟹肉末增加鲜味，一同打成蓉状，再用熬制的上汤煨透、蒸熟，一盆色泽深绿、质地均匀的汤羹便出炉了。

再升一级的护国羹，则还要加入蛋清，用勺子沉入羹中，画出一半鱼形，两边各自"点睛"，就形成了一阴一阳、白绿相衬的太极图案。缓缓流转的汤羹，正如生生不息、相互转换的太极，契合了国之精粹的寓意。

护国羹色泽通透，宛如静止在瓷盆中的艺术品。有人咏这道菜，写得极美："但见冰碗羹碧，翡翠溶光，举箸凝脂滑，嚼齿留软香……"真叫人不忍动箸。终于下了吃的决心时，其滋味同样不会让人失望：既带有嫩番薯叶独特的清香软滑，又吸纳了肉脂增添的醇厚甘甜味，两相并存，在融合中达到完美。柔滑的羹在舌尖打转，也像运动的太极一般，很快就从"有"变成了"无"，仍存余香。

与番薯叶一样，潮汕的另一种特色蔬菜麻叶，也是从不起眼、没人吃的野菜，摇身一变成了贵价菜。

麻叶，即黄麻的嫩叶。黄麻最广泛的用途是作为经济作物，提取其中的纤维，作为织布、做麻绳的原料。它的叶子青涩且带有苦味，纤维多而粗，一般很少有人食用。潮汕人却深谙其物性，能把

蒜蓉炒麻叶

本是缺陷的特性转化为吸引人的地方。

要吃麻叶，首先得逼出其中的苦液。用盐水汆以增咸，也就是潮汕人所说的"咸汆"，使麻叶脱水皱缩，其中的苦涩汁液也随之排出，而咸味得以渗入。也有村民索性用潮汕咸菜汁来烫麻叶，更具咸香风味。

接下来炒麻叶，则要放重油。麻叶有"食油腏（腏，在潮汕方言中指脂肪）"的特点，很能吸油，要放饱油才有滑润的味道。如果放的油不多，甚至会让人越吃越饿，因为麻叶富含纤维，助消化，可把肠胃中的油脂也一并刮走。所以之前生活条件不好、油水不足时，很少有人会做麻叶吃。现在人们舍得用宽油，麻叶的诱人之处也愈发显现出来，身价亦更加矜贵。

一碟香喷喷的麻叶出锅，麻叶从活泼的青葱色转为低调内敛的暗绿色，也因缺水干瘪了不少。虽然其貌不扬，味道却让人出乎意料，在咸中透露着微苦，散发出草本的清香，使人暑气顿消。纤维带来了硬质和粗糙的口感，反而提升了嚼劲，也彰显出与一般软滑细嫩的蔬菜的不同，很有个性。爆炒麻叶时，加入一勺普宁豆酱更是整道菜的点睛之笔：中和了咸味与苦味，转为鲜味。这道炒麻叶既能作为正餐中的蔬菜，也可以作为杂咸小菜，吃一口能下半碗粥，吃完后唇齿留香。

潮汕人似乎对清香中带有微苦的蔬菜情有独钟。除了麻叶，他们也喜欢一种叫作"春菜"的绿叶菜。春菜是潮汕特有的一种芥菜，身材瘦长，带有芥菜的甘苦，但也含有菜心的清甜。

人们认为春菜越炆越香，可以不断地翻煮，旧菜没吃完，又往锅里添新菜，似乎永远也吃不完。吃一碗饭时没有其他配菜，淋点春菜汁就可以下饭。

做春菜，最经典的做法是春菜煲。早些年食物匮乏时，人们会把饭桌上吃剩的鸭头鸭脖、猪骨猪皮等边角料和新鲜春菜一同扔进锅里煲煮。倒也神奇，在这样的浓汤中，肉料的油脂被消解了，只留下了肉香；春菜的苦味、辛味也被吸附，变得清淡而带有自然的甘香。现在物质条件好了，人们不再需要用剩菜与春菜同煲，不过煲春菜时加肉已经形成了传统。一锅排骨春菜煲，又勾起人们回忆

皮蛋春菜煲

中的味道。春菜煲以鸡汤为底，除了几块肥厚饱满的排骨，还加了萝卜、黄豆。肥壮的春菜被熬至青中泛黄，便是起锅之时。菜叶与梗均已软烂，轻嚼则甘甜温和，爽脆多汁。排骨丰腴弹牙，带上了春菜的甘香。整煲汤中的菜汁味道清新，但不寡淡。

春菜也是潮汕人独有的"月子菜"，不寒不燥，性情温和，适合产妇坐月子时吃。孩童生病时要忌口，吃春菜瘦肉粥也是不多的选择之一。春菜不温不火的个性，能与多种食材适配，也能在人们脆弱的时刻给予恰到好处的抚慰。一口春菜煲清香绵长，春天的味道也在唇齿间弥散，难怪它成为潮汕人一年四季都吃不厌的滋味。

护国羹、炒麻叶、春菜煲之所以成为令人难忘的佳肴，起到关键作用的除了蔬菜本身，还必须有动物油脂的配合。久而久之，便发展成了潮汕独特的"素菜荤作"技法：巧妙运用动物油脂，让蔬菜的口感更为醇厚。素菜，指时令新鲜蔬菜；荤作，则是事先熬制好的上汤。上汤一般放入猪骨、牛骨或老母鸡，再加上若干味中药材，用老火慢熬，掠去浮沫，只取其清汁为素菜煮汤。或者将菜与肉一同焖制，在这个过程中，菜块如海绵一般，渐渐吸收了肉味和营养成分。而菜上席时，只见菜不见肉，品尝时则菜有肉味，素而不斋。这样的做法既中和了肉脂的油腻感，又保有了野菜自身的甘甜，口感清醇。

黄豆变奏　味觉记忆

物资不足时，将一种食材以多种做法呈现，便能丰富口感，使人不至于产生"总吃同一道菜"的倦怠感。从前潮汕地区不产黄豆，随着北方移民的南迁，黄豆和豆酱制法才传入潮汕、客家地区一带。正如其他花样纷呈的小菜一样，潮汕人也精心钻研出豆腐的多种做法，为平凡的生活增添了不少惊喜。

潮汕人对豆腐的称呼较为特殊，在当地人看来，连汤带水的才叫豆腐，如甜品豆腐花；一般的豆腐则叫作"豆干"。潮州话里"干"和"官"同音，为讨个好意头，潮汕的祭祀活动、新婚宴席上总少不了豆腐。孩子第一天上学时，家里也会做一顿豆腐炒葱，希望孩子吃了之后读书聪明，长大能当官。

以卤鹅为主角的卤水拼盘里，往往有几块卤水豆干作为点缀，吸收卤汁，中和平衡，避免鹅吸收过多卤水料后偏咸。作为配角的卤水豆干，若遇到赏识者，也能在餐桌上大放光芒。卤水豆腐里加了黄豆粉，更加具有肌理感，外皮柔韧紧致，内里洁白细嫩。染了色的豆腐通体金灿灿的，已将卤汁与肉味吸纳入其中，一口咬下便有咸香的汁液溢出，搭配着浓郁的豆香味，口感更加丰富。

除了咸口的卤水豆腐，潮汕人的餐桌上还有甜口的五仁豆腐。五仁豆腐使用的五种果仁乃花生、榄仁、腰果、黑芝麻、白芝麻。中国传统推崇仁、义、礼、智、信的道德品格，文人雅士便将此与食物对应起来，赋予"五仁"以美好的寓意。

五仁豆腐要先裹上糯米浆油炸，再将果仁磨成粉铺撒在上面。雪白软糯的豆腐顶上覆盖了一层淡黄色的坚果粉末，并用它内心的温度烘托出坚果的香气。趁热吃，才能体验到外部柔韧带脆，内里滑嫩的最佳味觉。

五仁豆腐的甜味，也让人想起夏日里潮汕街头那一声声吆喝"豆腐花"的叫卖声。潮汕民间流传的歌谣"夏日豆腐遍街头，串巷叫卖四方走。清暑解渴适时令，呼卖声调如潮乐"，正是这一情形的真实写照。滑嫩清甜的豆腐花，配上一勺淡黄色的糖浆，便是清香润滑的解渴利器。

最著名的潮式豆腐，要数普宁炸豆腐。揭阳普宁周边被山地环绕，水质清澈甘甜，偏碱性，制作出的豆腐口感清爽。经过浸豆、磨浆、煮浆、点卤、冷却等繁复的工序，再用模板压平去水定形，煮熟后就成了白白胖胖的豆腐雏形。

此时还要抑制蠢蠢欲动的"吃心"，因为豆腐要经过进一步炮制，才能注入灵魂。放入大鼎深油中炸一轮，豆腐便在滋滋作响中逐渐胀大。普宁豆腐薯粉含量高，表皮才能在炸时鼓胀起来，形成皮与豆腐肉之间的空隙。起锅前掺入黄栀，为豆腐赋予了馥郁的香气和金黄的色泽。

炸好的普宁豆腐，呈小块状，不动声色，也没有热气蒸腾。用筷子轻触，可知酥脆的表皮与内肉分离，中心略空。咬下时，方知经过油炸的脆韧表皮阻挡了热量散发，裹住了内部滑如凝脂仍是纯白原色的豆腐。外部香酥微热，内里幼滑细嫩，稍有些烫口，如同

普宁炸豆腐

"金包银"，强烈的对比带来了丰富的口感层次。吃之前，往往还要将豆腐浸泡在特制的韭菜盐水中，既可以增加其咸味，提出一股清香，还有降火的功效。

普宁盛产豆制品，除了豆干，豆酱也是普宁的骄傲。普宁善制豆酱，在明末清初就已经打响名气。发展到今天，豆酱已然成为潮汕人下厨时不可或缺的伴侣，是柴米油盐以外的又一日常必需品。

制作普宁豆酱，要经过十来道工序，耐心静待阳光和时间的锤炼。在发酵中，菌种使豆瓣变为白色、绿色，再在日光的晾晒下转为浅浅的金褐色，鲜美之味一日比一日浓郁。

制成后的豆酱颗粒硕大饱满，呈现出橙色的活泼色调。其醇厚的咸鲜味，更能使各种菜肴的美味倍增。炒通菜、番薯叶、麻叶以及煲春菜时，加入豆酱与炸蒜蓉，在去除涩味的同时，能增加咸香风味，让蔬菜在清香之外更具鲜味。在煮制各种鱼类、肉类时，也可以放入豆酱，使肉质更加清甜鲜美。这正是运用了"要想甜，搁点盐"的规律，豆酱中的咸能激发出食材的甜，而黄豆本身的鲜味也丰富了味型的层次感。

一颗黄豆，经历多重奇妙旅程，在潮汕人的勤劳智慧下变身为豆酱、豆浆、豆腐等数种豆制品。小小豆粒，承载了潮汕人的想象和创造力，为人们带来了独特的营养，也缔造了不可复制的美味神话。

"芋味三绝" 一口惊叹

在根茎类蔬菜的烹制上，潮汕人同样发挥出天才般的创造力。如一颗小小的土豆，可加入薯粉做成土豆饼，经过香煎，蘸番茄辣椒酱享用，酥香四溢。

而潮汕菜里做得最出彩的块茎类蔬菜，还要数芋头。潮州高温高湿的环境，使这里成为盛产芋头之地，葛洲芋、横洋芋、坡林芋、东寮芋、水吼芋，种类繁多。通过炒、煮、焖、蒸、炸等烹调手法，芋头在潮汕人的餐桌上也演变出了数十种花样：芋头粿、芋头糕、芋头饼、鱼头芋……其可以入菜、当主食、做甜品……爱芋人士来潮汕走一趟，想必如同置身天堂。其中以芋头做出的甜品，更是潮汕一绝。

潮汕人吃宴席时，有在开始与结束时各上一道甜菜的讲究，头道清甜开胃，尾道浓甜余香，寓意生活过得越来越甜蜜。用芋头做出的甜食，常常作为潮式宴席的压轴甜品登场。在喜事宴席上，糕烧番薯芋的出场率尤其高，是各种节庆的必备菜肴。

"糕"在潮汕话里有液体浓稠、黏糊糊的意思，"烧"则对应"煮"。糕烧类似北方"蜜浸"的做法，将原料用糖腌制，炸熟，再放入糖浆中以文火烧煮。不同的是糕烧的糖浆经过秘制：加入猪油，更加香浓。这样，也使得糖浆始终保持黏液状态，却达不到拔丝的结晶程度。

装盘的糕烧番薯芋浸在一层浅浅的蜜汁之中，撒上星星点点的芝麻，黄白交错，色泽明亮。因此，糕烧番薯芋又被叫作"金玉满堂""糕烧双色"。有时再加入姜薯（潮汕地区特有的类似山药的一种薯类），就成了"糕烧三色"。这三种食材，选用的都是晒好之后中间最为粉嫩的一块。

糖浆覆盖于芋头、番薯与姜薯的表面，夹起时，还会连带着黏稠的浆液。番薯是潮汕本土出产的红肉番薯，因其本身的甘味，糕烧后吃起来更加甜而软。芋头则具有韧性，糯如紫米。姜薯在黏糯甘香中常带有爽脆和纤维感，口感独特。糖浆逐渐沁入食材内部，使它们的口感更为湿润，虽然甜腻，却拥有让不嗜甜食者停不下筷子的非凡魔力。

反沙芋头，是"芋味三绝"中的一绝。美食家蔡澜先生对这道菜也赞不绝口："芋头吃法，莫过于潮州人的反沙芋。"

反沙是一种潮汕传统烹饪技法，白糖熬成糖浆后，将油炸过的食材投入其中，待食材挂糖后迅速冷却，就可以在表面凝结出一层雪花一般的糖霜。

有人戏称，做反沙芋头，其实永远不会失败——如果熬煮糖浆的比例与火候得当，就能做出一道美味的反沙芋头；如果水分多了，结不成霜，可以说自己做的是糖浆芋头；如果糖浆推得太久或者是过了时间，又是一道拔丝芋头。

不过，这也反映出反沙芋头之难做。糖浆状态稍有变化，可能

糕烧双色

反沙芋头

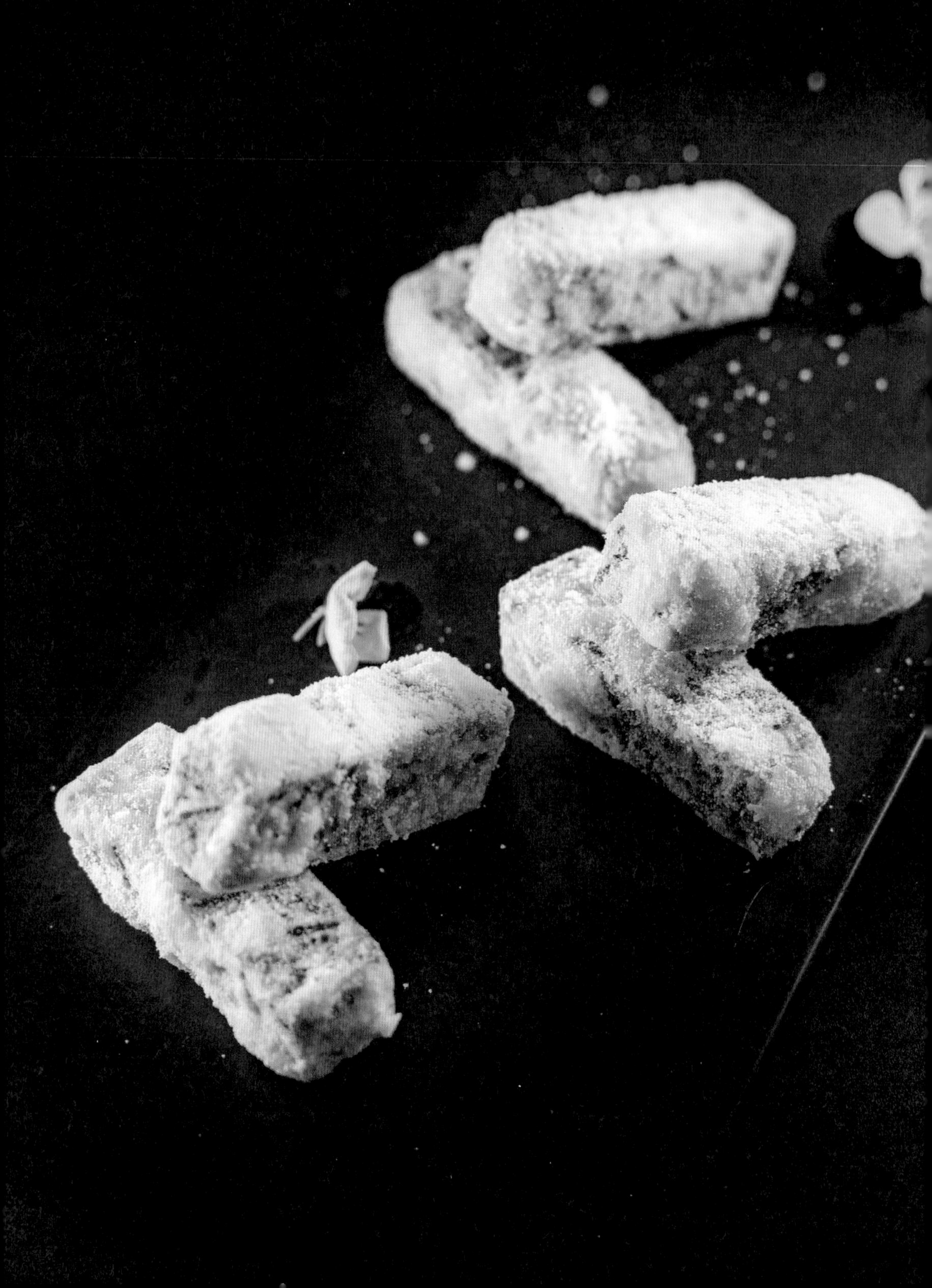

就做不出地道的反沙芋头来。老饕们希望一品反沙芋头的初心，也是无法被潦草应付的。做得好的反沙芋头，最外面有薄薄的一层糖霜包裹，糖霜极薄且细腻，沙沙脆脆。糖霜厚过了头，则会产生滞重感，过于甜腻。内部的芋头先是一层略炸过的酥脆外壳，再深入为粉糯干松的内心，在唇齿间形成了微妙的平衡。

潮汕人有时会把用反沙技法制成的芋头与番薯放在同一个盘中，如同金柱银柱，支撑起一桌美味佳肴。甜蜜的滋味，也从舌尖荡漾上心头。

近几年街边的奶茶店，纷纷推出芋泥口味的奶茶，成了年轻人的心头好。不少人以为芋泥是西式甜点，实际上土生土长的潮汕传统甜食中就有福果芋泥，用芋头、白果和猪油做成。潮汕方言里"食白果"是没有收获的意思，为了取个好意头，就将白果改称为福果。

做芋泥要选用质感较粉的芋头，把蒸熟的芋头打成蓉状，加入白糖、猪肉翻炒，使它们融为一体，香绵的芋泥就制成了，浓稠似泥，故得此名。白果则用糕烧的方式裹上糖浆，最后点缀在芋泥顶部。温柔的淡紫色芋泥搭配白色果仁，整道甜品看起来干净简洁，不需要多余的装饰，每一口都甜到了心坎上。

芋泥细、绵、软、润，把芋头的香甜尽数展现，而不必担心像普通的蒸芋头一样噎喉咙。白果颗粒硕大，分外软糯。有时更会加入橙汁或橙皮增加清香，使得整道甜品甜而不腻，很快在舌尖化开，而没有滞重的口感，让人在浑然不觉中一口一口整份清光。芋泥的美味秘密终究被越来越多的人意识到，它的走红也正应了"是金子总会发光"的俗语，美味的食物不会湮没在尘烟之中。

无论中西餐，都有餐后享用甜点的习惯，足见吃饱后再来一口甜品，能够使人在满足之余，身心的愉悦感再攀上一个高峰。潮汕人以甜食收束一顿宴席，也将日子甜蜜的简朴理想巧妙地化为实实在在的美食体验。最后再配上一杯解腻的工夫茶，吃得舒心又健康。

粿品：米浆的七十二变

潮汕地区以平原为主，稻谷一年两熟，因而大米成为人们的主要食粮。而潮汕人不甘仅仅以米饭、粥糜果腹，还巧妙地加工大米，制作出一系列衍生物。纯白如牛奶的米浆，在潮汕人的手下，变身成为"粿"，由此诞生了主食粿条与诸多粿品小吃。

潮人主食　征服异邦

一碗清汤粿条，撒上芹菜珠、南姜末，凭借其散发出的自然米香，就能诱人不自觉地走进一家潮汕小店中。一年四季，一日三餐，粿条凭借着它平淡温和却万般适配的口感，成为潮汕人最重要的主食之一。

在广东，常有人会混淆广式河粉与潮汕粿条。不过只要人们去潮汕吃一次正宗的粿条，粿条形态与口感的独特之处便会深深刻印于脑海之中。粿条切得很细，宽度不超过半厘米，厚度却比河粉厚得多，横截面切口近乎一个小小的四方形。河粉要在米浆中加入薯粉，薯粉放得越多，越接近透明，宽、柔、滑、薄，如同徐徐展开的白绢，爽口弹牙。而纯用米浆制成的粿条则呈现乳白色，有着更厚重的米质感，并无多大韧性，却因其厚实而又柔滑，用牙齿将其切断时，有一种斩绝的快感。

粿条汤可以与多种配料相搭。最经典的莫过于牛肉、猪肉、猪杂，在珠三角地区也可以吃到。骨头汤的甘美、粿条的顺滑以及肉料的鲜嫩，在口腔中如翻涌的海潮般碰撞，一碗下肚，已足够心满意足。到了潮汕地区，则有更多种类：海鲜粿条、鹅肉粿条、腐乳粿条，甚至是柠檬粿条、橄榄粿条、苦瓜粿条，让人大开眼界。

粿条也有干吃法，类似普通的干面：过热水烫熟，入碗晾干后加入沙茶酱、葱花搅拌。整碗粿条便染上均匀的熟赭色，香气也悄

悄从其中散发出来。沙茶酱咸香浓郁，在细腻中带有颗粒感，配合粿条的清香，仿佛一下子降临到味蕾的新大陆。炒牛肉粿条时，也会放入沙茶酱。

说到沙茶酱与粿条，便不得不提潮汕人、潮汕菜的一段历史。粿条走出了潮汕，在东南亚颇为流行，而潮汕人钟爱的沙茶酱，则是东南亚的舶来品。食物经过此番流转，是因为潮汕人与海外有着密切的联系。

明清时期，潮汕人口大增，人多地少的矛盾越来越突出。一群渴望改善贫苦生活的有志青年，也踏着浪花下南洋、闯海北，以经商过番作为谋生手段。一艘艘商船，船头被油漆涂成朱红色，雕琢成鲤鱼头状，称为"红头船"，人们相信这样能够驱逐海怪。船上的人生活艰难，只能以咸鱼、虾酱、酸菜、腌萝卜送饭，不知经过了多少阴晴不定的日子，终于避过一路的猛浪与暗礁，抵达暹罗、交趾、星洲诸邦。他们凭借务实又大胆、精打细算又豪爽真诚的品质，在海外打下了一片潮人的天下。

潮汕人历来家族观念极重，经商的游子大多会返乡归祖。客居异国者，与家乡的联系连绵不断，思念之情穿越了海峡的重重阻隔，由此形成了潮汕的侨乡文化。外域的食材、酱料、烹饪手法，也被潮汕人借鉴、融合，为之所用。

马来语地区的人烧烤的牛羊肉串，被称为"沙爹"，而用来烧烤的特殊酱料名为"沙爹酱"，印尼文为"sate"。潮汕人将这种浓郁的酱料带回家乡，并进行本土化改良，减其辛辣而增加香甜，加入中国人喜欢的花生酱、芝麻酱与虾米、鱼露、大蒜、小茴香、胡荽等多种食材，并按潮汕发音，改称为"沙茶酱"。在烹饪的时候，潮汕人不喜欢过于浓稠厚重，因此不像马来人一样用沙爹酱烤肉，或加上奶油、椰浆一起烹饪，而是将沙茶酱当作火锅料碟随意蘸取，或直接爆炒牛肉，或搭配粿条。

一些潮汕人留在海外，成为东南亚各国土生华人的先辈。于是，潮汕美食也伴随着移居海外的潮汕人在南洋扎下根来，为他们带来家乡的慰藉。潮汕粿条，与福建面和海南龟啤（咖啡）并称，成为东南亚最大众化的华人食物。现在我们在东南亚菜馆里见到的"贵刁"（kueteo），就是潮语"粿条"的音译。东南亚人吃粿条时，也为它赋予了地方特色，下锅翻炒时要放入鲜虾、血蛤、蛋、腊肠等，内容颇为丰富。装盘前还要在粿条下垫上一片蕉叶，增加清香感，热带风情十足。

其他佐食小菜如杂咸菜脯，也被潮汕人带往海外，以其色如琥珀、肉厚酥脆等特点，远销东南亚、欧美和中东。蚝烙、猪肉粽之类的潮汕特色美食，亦在潮汕人四海谋生的旅途中，走向世界。

百载传承 "粿"见乡情

潮汕坐落于南涯而倚海畔，节气变化明显，所以潮汕人自古就重时令，历来时年八节祭神拜祖已成习俗。而南方少产小麦，多用大米和糯米制作食物、糕点，粿品就是其中一大特色，成为潮汕人仅次于"三牲"（三种祭拜用禽畜食品）的必备祭品。

不同的时节有不同的"时粿"。春节至元宵做鼠粬粿、甜粿、发粿，祈祷新的一年生活健康甜美，清明节做朴籽粿、白饭粿、鸟饼，端午节要做栀粿，七月盂兰要做白桃粿，八月中秋要做月糕，冬至日要做冬节丸……仪式中的粿记刻着时节，也逐渐走向日常化，成为人们生活中不可或缺的食物。

以一个扁扁的桃形印模压制出来的粿，就有红桃粿、白桃粿、鼠粬粿几种，色泽与馅料都不一样。红白桃粿色彩明艳，原本分别在红白喜事中扮演角色，现在已演变为家常小食。鼠粬粿则为深绿色，表皮还有草籽的斑点，是因为掺入了鼠曲草。

红桃粿又叫壳桃粿，呈粉色，寓意喜庆吉祥；上尖下圆，正如长寿的寿桃，用红桃粿祭拜有祈福祈寿等寓意。白桃粿则如雪一般呈纯白色。两种粿的粿皮用米粉做原料，加温水搅拌揉捏成粿皮，红桃粿还要以红米的天然色彩制曲调出粉嫩色调。粿皮柔软嫩滑的效果，往往要经过手工揉捏，反复均匀去除粉粒生骨才能达到。

红桃粿馅料往往是甜口的，如豆沙、甜饭；白桃粿是咸香馅，有香菇、干贝、萝卜干、花生等，馅料饱满实在，一只便足以当饭吃。粿包好后，用刻有"寿"纹、回形纹等图案的木制印模压印出精致的花纹，蒸熟便可食用，壳桃粿一名中的"壳"字便是指印模形式。

红桃粿

鼠粬粿

日常食用中，为求简便，也有没盖印模的。除了蒸熟即食，也可蒸后再香煎，不同食法各具风味，或滑嫩清香，或脆嫩兼顾，或鲜香爽口，或油而不腻，令人食而难忘。

相比起其他复杂的粿品，甜粿的制作简单易上手得多，但它的风味也丝毫不逊色。

甜粿只需两种食材即可制成：糯米粉和红糖。二者加水和匀，蒸一整天即可。不过"甜粿好食糕难舂"，要做出不带裂痕的甜粿，还需要细心。做好的甜粿是一大团圆形厚糕，表面光滑，呈现出漂亮的琥珀色泽，作为年糕食用，寓意团团圆圆、甜甜蜜蜜。其实甜粿与广东过年时吃的年糕、客家的甜粄相差无几，但甜粿里往往会放更多糯米，口感上也会更软一些。

黏黏软软的甜粿不便刀切，需要用纱线切成小块。块状的甜粿可直接吃，味道清香，尤有嚼头；可蒸吃，口感软糯，散发着浓郁的红糖糯米香味；也可裹着鸡蛋液煎，油香、蛋香、糯米香合一，金黄中带有些微焦褐色，如同虎皮斑驳，入口则外部香甜酥脆，内心软绵。

甜粿制作简单，能快速补充身体能量，好存放、不易发霉变硬，春节制作好的甜粿，能一直吃到清明前后。这些特性，使它成为过去出海时人们在船舱中的储备粮——"无奈何炊甜粿"的俗语也应运而生。潮汕地区一般只在过年时蒸甜粿，出海时有甜粿吃，其实是迫于生计背井离乡，且需要应对茫茫大海的无可奈何之举。

今日的甜粿不只是过年过节时的特定食品，漂洋过海时也无须携带这样厚重的糕点。但这一传统食物的留存，也让人在平常食用时，脑海中又浮现出年节时一家人围坐切分甜粿的欢欣，以及出海时遭遇风浪与颠簸、航程延迟，只能靠着甜粿勉强果腹的艰辛。忆苦思甜，珍惜当下的深刻意味，就此寄寓于这一块小小的甜糕之中。

粿本是米制品，但从南宋以来，潮州承接北方移民及物产更加丰富，粿类所用的原材料也扩大到整个谷食范畴，几乎由五谷杂粮加工而成的糕点都被称作"粿"。现在不少粿的制作原料中已经不见米浆的踪影，成为"无米粿"，内馅有以马铃薯、竹笋、大豆制成的咸馅，也有以芋泥和豆沙制成的甜馅。最经典的"无米粿"则是韭菜粿。

无米粿的诞生有两种说法：一是在缺乏粮食的情况下，心灵手巧的媳妇用番薯杂粮做出来当主食充饥；二是番薯产量过剩，一时吃不完，便磨成粉晒干储存起来，由此发明了无米粿。两种说法都有道理，无米粿的粿皮是薯粉做的，而番薯传入潮汕的时间是明清时期，解决了潮汕粮食紧缺的问题。

从前无米粿的馅只有韭菜，因此约定俗成地以无米粿特指韭菜粿。传统地道的韭菜粿，要选用乡下当年的纯番薯粉和当天新鲜的韭菜。原材料有了，娴熟的手艺也不可或缺，为粿皮打浆便是关键的一步。混了冷水的地瓜粉，冲下热水，反复揉搓擂打，擀成一张张滑嫩柔韧而弹性适中的粿皮。韭菜则切成细细的小颗粒，有时还加入香菇、虾米，和调味料一同裹入粿皮中。

蒸好之后的韭菜粿，像一只圆嘟嘟的小球，外皮晶莹透亮，锁住了内部食材的原汁原味。透过水晶般的表皮，能看到里面一段段的韭菜保持着青翠碧绿的颜色。外皮初尝时柔软细腻，咀嚼起来则富有韧性，与牙齿碰撞时似乎有一种弹力纠缠。舌触及内馅，新鲜的韭菜便凭借它丰厚的汁水在味蕾间攻城掠地，直至把人完全征服。

韭菜粿也可以蒸好再煎，在锅里不断翻转，让猪油的香气慢慢渗入皮里、馅里，直至表面金黄时，香气已经从小摊中弥漫到整条街上。刚刚出炉的韭菜粿表皮仍有油星跳跃，滋滋作响，内里蒙上了一层雾气，青绿的韭菜馅料若隐若现。

咬上一口，能听到脆皮断裂的嚓嚓声，在酥脆中藏着柔韧。热油触及韭菜，更激发出浓郁的香气。蘸上鲜红的汕头辣椒酱，红与绿的浆汁碰撞，如此不同，却能配合得天衣无缝，使韭菜的清香与酱料的咸辣火热都演绎到极致。

冬春是吃韭菜的好时节，此时的韭菜水汪汪，最为肥嫩脆爽。身处异乡的潮汕人，或许也会想起此时家乡的图景：那些沿街推车叫卖无米粿的小摊贩，忙前忙后地把刚刚出炉的无米粿递到人们的手上，形状随意如小石头，颜色却碧如翡翠，温暖的感觉从手心到舌尖，再流向全身。在外的游子，便从对粿的无限思念中勾勒出家乡的一草一木。

蒸韭菜粿

煎韭菜粿

　　由米浆到五谷杂粮制品，"粿"经历了由内而外的不断变化，从馅料、外皮、形状、制法乃至食用场所，并在与其他食材永不停息的合奏中创造出从经典走向创新的光谱。随着时间发展，原本只在年节祭祀时才能品尝到的粿，现在也成了日常生活中的常见点心，"粿文化"贯穿于潮汕人的整个生活图景。它是时节祭拜、家族团聚、游子捎带、日常品尝常备的食物，牵扯着潮汕人心中的亲情、爱情、乡情，不仅满足口腹之欲，更凝结着一种本土文化，体现着潮汕精神。

工夫茶：滋润人生

炎炎暑气的炙烤下，人们需要清凉饮料来止渴生津；从前岭南多见的瘴气，也要靠特定的草药来祛除。粤地的民众早已发现各种草叶的功效，也形成了"喝凉茶"的风俗。以草叶、树叶、果实泡水榨汁喝的习惯，衍生出一种茶水文化。广州、潮汕都以喝茶为一种餐饮习俗，不过相对于爱喝早茶的老广来说，潮汕人喝茶更是不分时间地点，几乎如喝水一般自然。

潮式养生　清心凉茶

夏日的潮汕沿街，有不少叫卖各色青草的小贩，将山川野谷的菁华送往各户人家的汤煲中，浓缩成一碗碗凉茶。所谓凉茶，口感并不凉，而是指其性凉。

潮州凉茶的风格，与广州凉茶不同。广州凉茶更为苦涩，偏重于中药的质感，药效更强。而潮州凉茶较清，草药更具本土特色，如老香黄水、枇杷花水、乌豆水等，口感偏甜，也如春雨润物细无声般融入生活之中。潮汕凉茶闲时权当饮料，如有药用需求，也可以选用特定的草药：熟地乌豆水，养阴补气，活血解毒；竹蔗茅根水，清热生津，利咽润喉……

有些潮汕餐馆里，餐前上的并不是菊花、普洱、铁观音，而是根据季节和时令养生调配的特制凉茶，口感适于大众。如一杯熟地乌豆水，呈不起眼的灰褐色，入口微甜而不涩，且带有豆的香气，十分温润。这些茶水既是潮汕人习惯的味道，也能让外地人感到耳目一新，甚至会因为一杯餐前饮料对餐馆念念不忘。

潮汕人能够充分利用当地物产的特性，融入生活中的方方面面，在饮品上也是如此。潮汕盛产的橄榄，人们竟也能将其榨成独特的饮料。黄色橄榄汁先甘后甜，还带些微的苦涩；青橄榄苦涩味更重，

熟地乌豆水

赤菜水

清热解毒与提神之功效也更为显著。但若非嚼惯了橄榄的潮汕人，一般人还真难以接受。

在南澳岛，还有一种"赤菜水"，人们把海里的一种红色海草打捞起来，晒干，加些冰糖用开水冲泡就能喝。碗中的赤菜呈透明的细条状，既软且弹，在美味之余还有调理肠胃的功效。

植根日常　饮茶人生

潮汕人嗜茶，已经成了外地人对这个群体的普遍印象。不论何时何地，不论嘉会盛宴还是闲处寂居，不论是茶室食肆还是街巷庭院，"食茶"之声不绝于耳。

近年来网络上关于潮汕人喝茶习惯的趣事趣图常常走红，如一张在互联网上广为流传的视频截图：记者采访一位家里被水淹了的潮汕大爷："涨水最厉害的时候什么样子？"大爷怨恼地答："床淹了，茶几也淹了，无法喝茶！"这位大爷首先想到的不是财物损失，而是喝茶的生活习惯被打破了。对于不可一日无茶的潮汕人来说，这确实是不小的打击。

不过，有时候不需要茶几，潮汕人也可以享受茶饮：有了开水、茶叶以及一套小小的工夫茶具，便万事大吉。潮汕人走到哪儿，就把工夫茶具带到哪儿，白领的办公室、小贩的市场摊档，甚至出海时渔船的船舱里，一套工夫茶具的出现，便可辨认此处有潮汕人出没。曾有潮汕友人出门旅行时，忘记带上随身的茶具，一路都懊悔不已。潮汕人对待喝茶这件事，有一种执着的可爱。

绿茶鲜爽，红茶甘醇，潮汕人都懂得欣赏它们独特的美。不过在潮汕地区最流行的茶，还是当地特产的乌龙茶——凤凰单枞。

凤凰，指的是其产地。凤凰单枞产于潮州凤凰山。作为潮汕第一高峰的凤凰山海拔逾千米，曾是火山，山顶的天池是死火山口，泉水和火山岩质为茶树提供了特别的养料，使茶叶带有特别的韵味。

高山浓雾出好茶。"大海在其南，群山拥其北"的潮汕平原，让来自大海的暖湿气流顺利地沿着山坡爬升，营造出云雾缭绕的山间环境，且有日照交替。在每年清明前后采茶时节，山间古树苍翠，而山顶野生杜鹃花漫山遍野，如同人间仙境。曾有一棵逾千年的宋种茶树在2016年寿终，从此被作为标本陈列于茶艺博物馆中，十分可惜。

而单枞，则指一种独特的采摘与制作方法。单枞茶树属于半乔木类型，树身高大，要搭梯人工慢慢采摘，一棵树就能产茶数斤，传统上采取"单株采摘、单株制作"的方式。

每一棵茶树在不同的生长环境下，香气特征可能有所不同；茶农通过晒青、晾青、做青、杀青、揉捻、烘焙六道工序制茶，其中些许微小的改变与差异，也可能导致不同的口感风味。因此，凤凰单枞有着诸多香气类型，如蜜兰香、桂花香、玉兰香、杏仁香、柚花香、芝兰香……不胜枚举。直至后来，量产品种，规范工艺，凤凰单枞才归纳出十大香型。

好茶，需要配以好的泡茶技艺，才能将其中的妙处完全展现出来。潮州的工夫茶，需要茶人素养、茶艺造诣、冲泡余闲，可称之为一种茶道。当年被贬到潮州的李德裕、常衮等官员嗜好饮茶，使茶文化在潮州的士人群体中传播开来。南宋南迁的文人贵族，也将文雅讲究的饮茶礼仪带到这片土地上。

清代俞蛟写的《潮嘉风月》，记载了彼时潮汕工夫茶已经使用了精致的器具与繁复的工序，"先将泉水贮铛，用细炭煎至初沸，投闽茶于壶内，冲之。盖定，复遍浇其上，然后斟而细呷之"，品之"气味芳烈，较嚼梅花，更为清绝"，更是道出了工夫茶的美感。俞蛟所记载的与现今的流程基本没有差异，煮水、拣茶、烫杯、热罐（壶）、高冲、低斟、盖沫、淋顶，一整套程序一丝不苟，颇费功夫，有时饮毕还要取出茶叶观形察色，评头品足，饶有趣味。

不过现在工夫茶道的斟茶动作，还提炼出经典的"关公巡城"和"韩信点兵"等。关公巡城，就是倒茶时一边绕圈，一边倒入三个茶杯中。一般要绕上三圈，让各杯分得七八分茶汤，而且浓度相近、分量相宜。接下来便是韩信点兵，将壶中所剩不多的茶汤依次甩滴入杯，这些是全壶茶汤中的精华，应一点一滴平均分注，以免偏心；茶汤不残留壶中，也可避免下一道茶滋味生涩。

经过沸水冲泡、茶叶沉浮，一整套工序，完全激发出单枞特有的香气与韵味后，终于到了捧杯喝茶的时刻。杯中的茶汤色泽澄黄清澈，端起轻嗅，即有微微的茶香袭来。凤凰单枞，虽有"茶中香水"之名，但同样有着滋味苦涩的特点。梁实秋喝过潮汕工夫茶，在《喝茶》一文中如此记述："如嚼橄榄，舌根微涩，数巡之后，好像是越喝越渴，欲罢不能。"

偏偏是那带有一丝涩的口感，逗得人在满足与缺失之间徘徊，忍不住越喝越多。让绵柔的茶汤顺喉而下，细细凝神于那一抹苦涩之中，反复玩味，便能察觉出其中的回甘来。茶香味交织着花香味，渐次出场。木本植物中蕴积的悠远山韵，仿佛尽藏于这一寸杯之中，品到的是最原生态的雨露与阳光，让人口舌生香。

如此深谙茶的味美，难怪潮汕人不可一日无茶。单枞除香高味远，还有解腻刮油的作用，故常常喝茶的潮汕人大多体态苗条，鲜有肥胖者。不过潮汕人一旦聚在一起喝茶，就往往从早喝到晚，如此下来也难免饥饿，因此喝茶时总会配些小食，包括各类糕点、甜饼、蜜饯，统称为"茶配"。

潮汕茶配多达数十种，每一种都独具特色。讲究的人，会在不同的时令、喝不同的茶时选用不同的茶配，有春酥、夏糕、秋饼、冬糖之分。比如中秋时吃的朥饼（猪油饼），皮由猪油、面粉与糖混合而成，内馅为口感甜而沙的绿豆馅混以猪油，入口即化，最适合配上清香型的茶水享用。潮汕各处，偏好的糕点茶配也各异，如揭阳喜吃云片糕，潮安爱吃腐乳饼，饶平喜食豆米糕仔，还有潮阳的束砂与糖豆方等。蜜饯类小吃则有酸甜回甘的甘草橄榄、洁白干爽的冬瓜糖、油亮软绵的老香黄，各有风味。工夫茶与茶配的组合，在一饮一食之间展现出一个五彩斑斓的小世界。

茶俗也往往渗透着生活方式、价值观以及为人处世的原则，如粤人习惯以指叩桌表示对为自己倒茶者的谢意。而在潮汕工夫茶中，又有特别的讲究。工夫茶仅有三个小杯子，象征天、地、人三才。先敬老人、长辈、尊者，接下来不管在场多少人，都是用这三个杯子轮流喝，以表示平等公正、不分彼此，在协调融洽的饮茶氛围中增进彼此的感情。又如"二冲茶叶"，头泡茶不能喝，用以洗去茶叶中的灰尘，若让客人喝头冲茶就是欺辱人家。又有"新客换茶"，

潮汕工夫茶

喝茶中途有新客到来，主人表示欢迎则要换茶，否则有慢客之嫌。换茶叶之后的二冲茶，也让新客先饮。潮汕人的热情好客，便寓于这一杯清茶之中。

每每听闻茶具清脆的碰撞声，以水沐之的汩汩流动声，潮汕人的心都能在瞬间安静下来。他们独品香茗时，透过那一杯或浓或淡、或醇滑婉转或清冽苦涩的茶汤，映出人生的闲暇清欢。三五好友围坐一桌时，一边品鉴批评茶的好坏，一边享受着美味点心，聊一些家常闲话，友情也如茶水一般温和而有味。商人则在茶而非酒的推杯换盏中，谈成一桩生意。一壶茶喝完，满室皆是茶的清香。

讲究细节，追求精致，便是潮汕人的工夫茶道。潮汕菜也凭借着其精湛的刀工、手艺，极致的口感，变化的样式，得到"工夫菜"之美名。花样繁多同时口味纯正的潮汕菜，堪称一种生活艺术。这种对于生活品质的追求，也逐渐演化成为一种文化精神，深深烙在潮汕人骨子里。除了美食，潮汕还有巧夺天工的潮绣、木雕、玉雕等，只需一瞥，便会被深深吸引，因那精致中蕴含了无限的韵味。可以说，用匠人的精神对待美食，造就完美也就成了一种必然。

客家菜

传统的客家菜以肥、咸、香见长，保留了一定的中原特色，有『无鸡不清、无肉不鲜、无鸭不香、无肘不浓』的说法。在粤菜中，客家菜也许是最富乡土气息、最具家常风味的一派。这简单淳朴的家常美味，让人们心底的那份安稳满足油然而生，这大概就是『人间有味是清欢』之奥义所在。

响螺脆不及蚝鲜，最好嘉鱼二月天。
冬至鱼生夏至狗，一年佳味几登筵。
——清·莲舸女史《竹枝词》

響螺脆不及蠔
鮮最好嘉魚二
月天冬至魚生
夏至狗一年佳
味幾登筵

蓮舸女史竹枝詞壬寅沈永泰

鹹鮮兩相宜

一

古法盐焗：盐分中的美味密码

洁白的盐粒是大自然给予人们最慷慨的馈赠。阳光和时间的洗练，凝结出晶莹剔透的一捧盐，它们就此与人类的饮食历史长久相伴。家家户户都有食盐，这最平凡的调味品，在不同的厨房中酝酿出万千风味。而客家人对待盐，更是有着独一无二的认真。传统的客家菜以肥、咸、香见长，这是因为当年客家人在山区的劳动强度大，流汗多，油多且咸的饮食才能更好地补充体力与盐分，客家人吃咸的习惯便也保存了下来。盐的分量，几乎在每一道客家菜里都举足轻重，地位不可替代。

大粤菜的客家菜中，影响力最大的一道菜莫过于盐焗鸡。上至高端宴席，下至街边熟食档，无人不对盐焗鸡津津乐食。生于广东，就算没见过鸡跑，想必也吃过盐焗鸡。近年来，随着粤菜兴盛，这道菜的名气也传到五湖四海，在海外也有不少追捧者。

关于盐焗鸡的诞生，有诸多说法。有人追溯，由北向南迁移时，客家人不便携带活禽，便将宰杀后的鸡放入盐包中保鲜并携带，这样反而发现从盐堆焗出来的鸡比新鲜的更好吃。

也有人说，清代东江（也就是今天的惠州）盐工从家中带出白水煮鸡，用纸包好，放于盐堆内储存。经盐埋藏后，鸡香咸适口，宜酒宜饭，也成了盐工壮力补身的不二之选。后来又经厨师改良，盐焗鸡的独特风味便成为东江一绝。今天的盐焗鸡，多用盐焗鸡粉涂抹鸡身，使其带上咸味。不过最正宗的做法，还是要用大粒粗盐把鸡埋起来，在导热与渗透中将其制熟。

偶然的巧合，成就了一道经典的美味。创造性的活动，固然需要精密的推敲、尝试，有时候也需要一些运气，"文章本天成，妙手偶得之"，美食亦如是。然而在偶然诞生之后，不断地复制、改良、传承，新技艺得以确立，偶然也就变成了必然。涓涓水流，最终汇

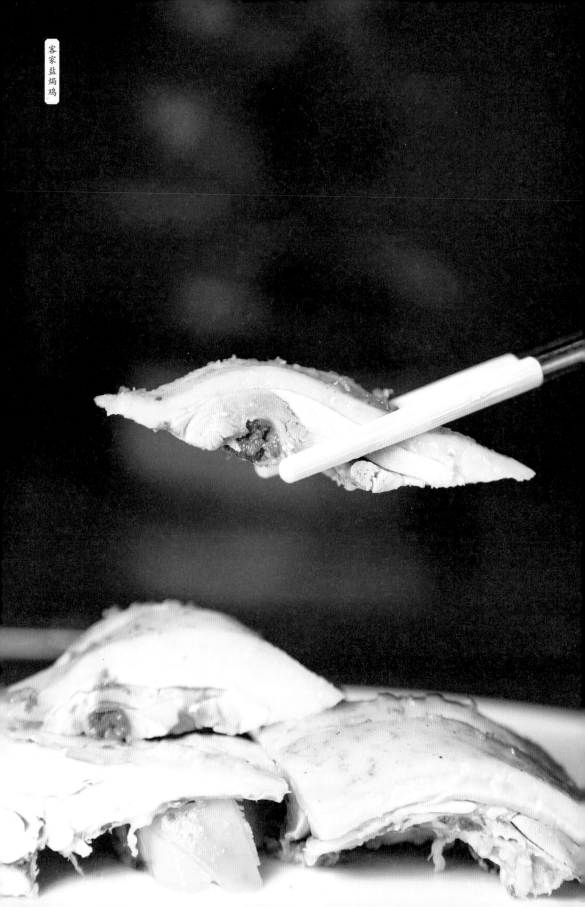

客家盐焗鸡

成了汪洋大海。

同样是粤菜里的鸡，广州白切鸡、湛江白切鸡讲究刀工，如庖丁解牛般精准地切开，连骨带肉。而正宗的客家盐焗鸡，讲究手撕。客家人认为，鸡肉与金属接触，会使肉质沾上外来的气味，不经过刀，就更能保留鸡的原味。就像家中做的豆角，是用手来捻还是用刀切，味道也有出入。顺着鸡的骨架与肌肉纹理，将其逐层剥开，保留了鸡肉的肌理感，与其带有的咸香相得益彰。

新鲜出炉的盐焗鸡，尚被严密地包裹在专用的纸中，有犹抱琵琶半遮面的神秘感。随着"面纱"层层褪去，一只完整的鸡逐渐显露出来，遍体金黄，冒着热气。客家师傅做这道菜，要将一整只鸡用手拆开，但并不去皮，又按鸡原有的结构把它重新摆好。这是客家特有的工艺。手撕后的鸡重新砌回鸡形，皮也还能够保存完好。

咸香味在空气中蔓延，一下子勾起了人的食欲。盐焗构成的密闭空间，锁住了鸡肉的鲜味，也保留了肉质的细嫩，倒没有想象中的浓郁咸味，而是恰到好处，把鲜味逼出。鸡肉光洁而肥韧，带有些微的汁水，鸡皮油光鲜亮，只需咬一口，嗅觉与味觉都被调动起来，令人神思摇曳。

鸡是好鸡，故越嚼越香，还带有田家风味的纯粹。有科普说，大规模饲养的速成鸡与养足半年的田间走地鸡，在营养价值上相差无几，我对此半信半疑。不过工厂里的速成鸡吃起来总缺了一点意思，倒是可以肯定的。那些运动充足、见过好山好水的鸡，吃起来更美味，也不无道理。何况现在城市里，鸡不能现宰现焗，更要选择好的鸡，以此来保证风味。

经过盐堆温热绵密的包裹，盐焗鸡的香味甚至渗进了骨头里。据说，初期的盐焗鸡，连骨头也可以嚼食。彼时东江一带的说书先生，因此便把盐焗鸡掺入了对历史故事的评论中：

> 曹操进兵汉中时，传下口令"鸡肋"。所有人摸不着头脑，只有杨修似乎读懂了，认为很快就要退兵。因为"鸡肋，食之无肉，弃之可惜"，曹操估计是看出了现在进军也不能获胜，退后又不甘心，正如鸡肋一般。相持无益，不如

早归。于是，杨修让军士准备撤退。曹操见军容涣散，便以杨修"妖言惑众"为由对他下了斩书。

这本是一个人尽皆知的故事，没有什么可以再发挥的余地。东江说书人却巧妙地穿插："当年若是有盐焗鸡，它的骨头也可嚼可吃，干香无比，那'鸡肋'与其说是食之无味，不如说是极富价值、鼓励人前进，杨修或许就可以避免悲惨的命运了。"这样机灵的解说，真是妙趣横生。

与盐焗鸡相似的，还有一道传统的客家咸鸡。盐焗鸡选用肉质紧致的童子鸡，用粗盐将鸡埋起来，从生焗到熟。客家咸鸡却是先把鸡放入各种腌料里浸煮入味，再将粗盐涂抹于鸡身表面与肚膛内，包起来腌制、风干，上桌前再蒸熟。二者主味都是咸味，但客家咸鸡比盐焗鸡更浓郁一些。客家咸鸡选用的阉鸡，有更加肥厚的脂肪，鸡皮下附有一层黄黄的鸡油，食之满口油香。

盐焗，是一种古法。发展到今天，古法也如壮硕的老树，在新的春天萌发出郁郁葱葱的绿苗。以前客家人在山里深居，能够使用的食材相当有限，无非鸡、猪等家禽，河里的河鲜，以及当地产出的蔬菜等。现在便捷的货运、多样的食材，为客家菜带来了从未有过的机会，新的可能性也就此展开。

白鲳鱼生活在深海中，而今天却能够"逆流而上"，娓娓游进客家人的厨房。以前客家人做鱼时多用当地鲩鱼，但河鱼骨刺多，细嫩多汁的肉质也不适合盐焗做法。而把盐焗法运用在白鲳鱼上，看似出人意料，二者却形成了完美的和谐。粗盐，海鱼，同出一处，最终融为一体，似乎是天生的绝配。

盐焗白鲳鱼，先用粗盐处理鱼，而后让其自然风干，形成一道风味鱼干。鱼表层的水分被抽去，但内部还保留着汁水，口感逐层递进。海鱼肉质本就较粗硬，用盐焗做法，别有一种干香，非常惹味，甚至让人也产生了嚼食鱼骨的冲动。盐焗还更凸显出鱼肉的新鲜，在咸香中带有淡淡鲜甜味。

客家人早年围于山中，物资匮乏，下菜的调料无非是油、盐、姜、葱、蒜等山中最易得的东西。现代人的物资得到了极大丰富，

只需要走进商场，就能在货架上琳琅满目的调料中随心挑选。客家人却将当年的质朴保存下来，重新回到了返璞归真的思路：只要材料好，就不用过多地烹调。

客家人做油盐百合，做法与佐料极简单。百合本不是广东客家特产，而是来自遥远的兰州，但这并不妨碍客家人用自己的方式让它在餐桌上绽发光华。一颗颗百合放入锅中，只下油盐，正是客家最传统的烹饪方式。

而这种简单的做法，恰恰能让人吃到百合本身的粉糯与清甜。当然，也要选用五年以上的上等百合，才能做出好的质感。百合外层略有些微酸，逐步深入内心，甜味越来越占主导。稍微咀嚼一下，淀粉便融化于口中，虽不同于常吃的清脆爽口，也始终伴随着植物的清香。

朴素的呈现方式，成就了这道老少咸宜的菜。其效果与其说惊艳，不如说是家常。正如寂静山谷中盛开的百合，不声不响，却自有洗涤心灵的魅力。

广府菜会怎么做百合呢？讲求精致的广府菜，会在宴席上将百合做成汤品，按位上，将小巧的汤盅送到每一位食客面前，白合如一朵白莲花在水中绽放，很是优雅，又滋润沁心。

客家菜的做法却带着野性的感觉。兰州山野里的百合，开的花是火红色的，盛放得淋漓尽致。它有一个人们熟知的名字——山丹丹。兰州百合的这种特性，与客家菜的做法刚好形成了一种呼应：百合置于客家砂锅中，能够保持温度，吃进口中时仍然接近滚烫，让人感受到如火般的热情。其在朴素之中，带有浓郁的地方风情。

在名厨手中，客家古法几乎可以运用到各种新材料上，甚至连象拔蚌也可以盐焗。材料万变，做法却仍坚持客家特色，回到独有的烹调专长。经过解构、重组、结合，吸纳新鲜的潮流，应用社会动向，经典便能够不断创新。

腌渍风味：客家符号

在粤菜体系之中，客家菜口味相对偏重。客家人不仅爱吃盐焗食物，也爱吃腌渍品。客家咸菜，也是用盐巴腌渍而成，是盐分与时间的产物。

过去，客家人祖祖辈辈过着以咸菜配白粥的生活，桌上摆着一海碗咸菜，弥漫着咸涩的酸味。物资匮乏的年代，客家人既面临着迁徙流离之苦，又受到聚居地区闭塞的限制，养成了艰苦度日的节俭风尚。客家人善于就地取材，制备的咸菜、菜干、萝卜干等，耐吃耐留。今天，存储食物虽然已经不是必需，腌渍的风味却依然刻印在客家的饮食文化中。

客家咸菜，多用芥菜制成，几乎每户人家都有种植。芥菜个头大、肉质厚，干净碧绿，做出的咸菜脆爽可口。冬末春初，家家户户便忙起了"腌菜大业"——收割将要抽心开花的芥菜，将其洗净、晾晒，鲜嫩的绿菜转为枯软，此时便可把粗盐揉搓入菜中。经过一番翻滚和揉搓后，芥菜稍有转色，放入陶瓮中塞紧压实，加盖密封。耐心等待半个月，终于揭开盖的那一刻，它已然由不谙世事的青绿色，蜕变为成熟沧桑的棕黄色了。

上面说的这种咸菜，泡在咸菜汁里浸染，水分较多，又叫"水咸菜"。事物都有对立面，既然有水咸菜，那么也就会有"干咸菜"——梅干菜。梅干菜也用芥菜，而与水咸菜不同的是，它至少经过三蒸三晒，多的甚至要七蒸七晒。最终，抽干了水分的菜叶显得黑黝黝的，泛着油光。这种干菜一年到头都可食用，为日常生活增添了不少滋味与嚼头。

现在的客家餐馆里，还流行一种名为"水渌菜"的咸菜。水渌菜不像一般的咸菜腌制而成，而是自然发酵。渌，指的是在发酵之前用开水烫，这种做法可以"杀青"去水，再加上日晒的工序，收了水分的芥菜才会脆。

腌芥菜

梅干菜

水渌菜

听说一家开在广州的客家菜餐厅，发生过这么一件趣事。有客人点了一碟水溚菜，却不知它就是咸菜。水溚菜上桌，客人大为疑惑，质问老板："说是水溚菜，怎么没有水？"老板哭笑不得。只能说，吃饭之前，还得考察一下各种菜式，不要轻易点读不懂菜名的菜呢。

水溚菜未经长时间腌渍，因此味道也不是浓墨重彩的咸，而是在发酵后的酸香中保有蔬菜的清甜本味。酸菜本来就容易开胃，一旦大开胃口便难以停箸，让人忍不住越吃越多。并且水溚菜较为清甜爽脆，大可敞开肚皮吃，也少了几分因健康顾虑产生的心理负担。

在那些不是顿顿都能吃上肉的日子里，咸菜便是客家人下饭的绝佳搭配。将咸菜切成小丁，混进饭里炒热，如果有条件，加入猪油爆香，一碗喷香的炒饭就此出炉了。米饭粒粒分明，带有碳水的甜味与油脂的香味，又有咸菜的酸与咸调节，调动味蕾，激发食欲，寡淡的白饭瞬间变得色彩斑斓，让人连吃两大碗，都浑然不觉。现在的客家酸菜拌饭里面还会加上腊肉丁，更是色香俱备。再夹取大块的水溚菜一同咀嚼，解去油腻，增加脆爽的口感，虽然简简单单，却能给人带来无上的快感。

虽然以咸菜为主菜的岁月已经成为过往，但咸菜还是有着独特的魅力，几乎能征服所有年龄段的味蕾。有的人用它下粥吃面时，唤起了往昔艰难打拼、努力生存的记忆；有的人偏爱它微酸的口感，在品尝时细细体味那份醇香爽脆。何况，客家咸菜还有百种多样的吃法，可生吃，可做配菜，可炒，可煲汤，与各种菜相配都"合味"，炒猪肠、煲猪肚，更是客家菜的常见做法，风味独特。据说，客家人把咸菜的特点推广到人际交往上，把性格随和、与谁都合得来的人叫作"咸菜型"，还真是颇具客家特色。

传统的习惯带来了偏重的口味，能吃咸、爱吃咸，成为客家人的味觉基因，盐分也锻造出独一无二的客家菜品。盐堆里长大的客家人，练出了一条"吃得咸中咸"的舌头。过去，客家人下厨时撒盐毫不吝啬，盐放多了似乎也无伤大雅，而今天，客家人逐渐意识到多盐未必是好事，向着减盐的烹饪方式进发。这种做法更为健康，也带来了更平衡的味觉体验。客家菜的纯正与清香，食物原有的味道，亦在这样的不断改良中愈发显现。

猪肉：一口淳朴的满足

往昔并不富裕的岁月里，猪肉是难得出现在桌上的菜品。虽然山里的客家人也养猪，但往往舍不得吃。逢年过节时若能杀一头猪，对全家来说都是珍贵的盛宴，也是对过去一段时间里努力生活的犒赏。

既然猪肉大餐如此难得，那必定要把握好每次享用的机会。客家人为吃猪，下了十八般武艺，要将它的特点发挥到极致，既不浪费任何一点可以食用的部位，也要吃得尽情尽兴。

朴素演绎 余味悠长

岭南饮食，汤占大头。客家人虽是从北方南迁而来，但在多年来与本地民众的交流中，渐渐被煲汤、饮汤的风气所浸染，汤也成为客家菜里不可或缺的一部分。俗话说，吃药不如吃肉，吃肉不如喝汤。一煲清甜鲜美的汤，足以在烈日炎炎的长夏中化作绿洲之泉，为田间地头辛苦劳作的躯体重新注入活力。

猪肉汤，是猪肉最朴素的演绎方式，也最能体现食材本身的特点。用山泉水做清汤，下几块农家自养、当天宰杀的土猪肉，便把肉的原汁原味发挥到了极致。待到肉末如蜘蛛网状般呈现，即可出炉。

喝过一次客家猪肉汤，就能明白客家人迷恋它的原因。汤水清澈甘醇，大块猪肉沉于盅底，汤面漂浮星点油光，却不显得油腻。因过去客家人需补充油脂，故选用的猪肉往往肥瘦相间，为肉汤增添滋补之功效。而且适当的肥肉使肉质更为甘香细腻，也会让汤味肉香四溢。猪肉软嫩度恰到好处，越嚼越香。汤水则吸收了汤料的精华，入口清润。

客家人的猪肉汤，既可以在早餐吃，也可以在正餐吃，可谓主食伴侣一般的存在。配一份米粉，或一碗白米饭，便可烘托出最醇

正的肉香。汤里同样不下过多配料，只放盐和少许胡椒。现在有些客家餐馆索性将胡椒粉放于味碟中，供食客根据自己的口味调节。若汤稍显寡淡，再加上葱花、蒜蓉、辣椒圈等调料，即可大快朵颐。猪肉汤虽然简单，却是永不过时的经典。

然而，简单的做法往往也有着苛刻的标准。食材要足够好，现在的客家土猪汤多选用上好的肩胛肉，最大程度地突出猪肉鲜腴的口感。火候同样需要精准把控，蒸煮一小时就刚刚好，贪多反而会发酸。为了保鲜，猪肉汤不宜隔餐食用。追求品质的店家，上午炖的汤，到了下午就绝对不卖，而是重新炖新鲜的。

客家人做猪肉汤之所以好喝，有他们的独门秘诀。之前店里做的猪肉汤，无论如何用心，总会和老家做的有一点区别，似乎欠缺了什么，后来仔细思索，发现老家的汤是叫"全猪汤"，炖汤时需要搭配一些猪杂、猪肝和猪心，这样便能够把整只猪的香味囊括在一盅汤中，肉香味更加浓郁。许多家庭大厨也懂得这一秘密，他们在煲鸡汤时，把鸡肝、鸡心、鸡血一同放下去，瞬间就有了整只鸡的味道。

如果材料放得更多一点，就进化成了客家早餐店里常见的八刀汤。八刀汤，虽是小小一碗，其中却大有乾坤：汇集了猪肚、猪肺、猪舌、猪肝、猪心、猪骨、粉肠、瘦肉八种材料，将它们各切一份，放进锅里熬煮；煮时还不能轻易搅动，以免破坏猪件的脆爽口感。锅盖一掀，香气扑面而来，萦绕于整个小巷内。一家早餐店，凭着一锅八刀汤，清晨便引来食客如云。人们啜饮着鲜美的汤汁，唤醒睡眼惺忪的懵懂。

猪肉汤所用的原料不多，素净的汤底为重头戏，其余皆为烘托出一碗汤的清芬。正如一幅中国画，画出主体之后，便可留白。填满所有可供发挥的空间，反而枝叶芜蔓，没有了想象的空间。反倒是留白部分凸显出主体，也留下了悠长的余味。

汪国真在一首歌颂母校的诗歌中写道："我原想收获一缕春风，你却给了我整个春天。"客家人从小喝到大的猪肉汤，多是由家人来熬煮。若是离开家乡，又在异乡重新喝到它，想必客家人也会生发出"我原想喝一口汤，你却给了我整个故乡"的感想。一碗猪肉汤，平实、家常，却足以抚慰胃口和心灵。

"十全十美" 最高礼遇

将"全猪"的部件集中到一道菜中的，还有一道客家传统特色美食——焖全猪，如果爱喝土猪汤，那么更不能错过它。

客家焖全猪，以精心挑选的连皮带骨的五花肉为主料，选用的是膘肥体壮的农家猪。上选的五花肉分层比例完美，猪皮饱满光滑，瘦肉与脂肪一层层交织。从这里也可以看出，猪肉比牛羊肉肥美不少，于是自然成为早年客家人充实空腹的首选。客家人把五花肉名为"三层靓"，喜爱之情呼之欲出。五花肉也被用在另一道客家名菜"梅菜扣肉"中，客家饮食肥咸香特点中的"肥"，由此可见一斑。现在许多人嫌肥肉太油腻，但在那些物资匮乏的年月里，肠胃空乏无比，若能获得一块香浓肥厚的猪肉，吞落腹中，五脏六腑都会觉得满足。

与猪肉汤一样，焖全猪有时会放入猪肝、猪心、排骨、猪粉肠等。各个部件的加入，不仅是为了丰富菜肴的味道，更承载着美好的寓意。据说每逢过年过节，客家人的团圆饭桌上往往会有一道焖全猪，以此祈愿"十全十美"。用全猪来招待客人，是客家最高级别的礼遇，是办酒席办喜事时的大菜。一锅焖全猪，就动用了整头猪，很有排面。但除了五花肉，其余的猪件只放几块，避免味道混杂、难以突出主料，可谓是一道既阔气又懂得适当有度、能收能放的菜式。

这样一锅焖全猪上桌，席间瞬间升腾起一阵热气。焖锅底部的酱汁还未停止翻腾，滋啦作响，锅里的肉也随之微微颤动，让人忍不住想要马上伸出筷子一探究竟。约十块连皮带骨的猪肉，切成方块，整整齐齐码放于锅内，经过慢火焖煮，淋上用秘方调配的调料汁，肉色酱红，闪动着琥珀色的光泽。只需看一眼，便知道它料多味美，能使每个饥肠辘辘的客人得到安抚。

仅一块猪肉，就能满足爱吃各类肉的食客的刁钻之口：从上往下，依次是一层皮，带着些微瘦肉的肥肉，以及连着骨头、半瘦不腻的肉。尝一口，富有胶质感的皮层入口即化；肥肉部分香软可口，嫩而多汁，肥而不腻；瘦肉部分则不涩，不柴；连着骨头的肉更是丰腴弹牙，骨头的香味也渗入肉中。

客家焖全猪

锅内的其他猪件，本是为增加"猪味"而放，尝起来也十分可口。如猪粉肠，外部弹韧，内部粉末般的质地与外表的酱汁一经融合，咀嚼起来更加香浓。猪肝被酱汁浸染过，成了深色系，也别具风味。

客家焖全猪的肉质很厚，咬起来却不觉得硬或韧，与红烧肉、东坡猪肉都不一样。因为食材新鲜、火候得当，整锅猪肉吃起来肉味相当浓郁，且锅底有酸菜铺底，吸饱了肉汁与油脂，因此猪肉有猪味却不油腻，又透露着蔬菜的清芬。而酸菜同样除去了酸涩，带有肉的甘美，下酒、送饭皆妙。

酸菜作伴　快意人生

客家人嗜好酸菜，前文已有提及。酸菜可以做主菜，也可以是万般适配的点缀。它酸爽中带着微甜，与各种食材相搭配似乎都能带来惊喜。与肉同炒去油腻，煮汤则有清润去火的功效，正如客家人包容和谐的品质。焖全猪与酸菜搭配后同样焕发容光，而猪的其他部分自然也欢迎酸菜的到来。客家话里说"咸菜猪油锅，脉介（什么）捞得着"，烹制猪肚、猪肠时，也可以如法炮制。

胡椒炖猪肚作为客家菜的经典菜式，已经融入粤菜之中。猪肚，称得上是客家人眼中最珍贵的猪内脏。毕竟从前大多数客家家庭，一年只养一头猪，一头猪只有一个猪肚，猪肚最好吃的猪肚丁仅是一小块儿。与猪肚同炖的酸菜，用的便是水渌菜，因其厚度较厚，微酸不咸，颜色也显得新绿，吃起来反而有种新鲜感。炖猪肚时，还要放入客家胡椒。客家传统认为胃痛、不适时，可以用胡椒暖胃，加上酸菜开胃、猪肚滋补肠胃的功效，三者珠联璧合。在味道上，猪肚、胡椒、酸菜"三剑客"的配合同样完美：猪肚的脆韧和绵软、酸菜的爽口、胡椒的香辛碰撞交织，形成恰到好处的鲜活。

在各种猪杂之中，肠类尤其受到客家人的喜爱。猪肠脂肪肥厚，能够带来特殊的美味，"肠"与"长长久久""好景常在"中的"长""常"谐音，寓意美好。不过除此之外，据说客家流行炒猪肠，还与一个人有关，此人便是贬谪南迁的苏东坡。有故事流传，东坡久居岭南僻地，不免寂寥，每逢孤寂之感涌上心头，便到酒楼茶肆小酌一番，消遣愁闷。下酒要有小菜，而苏东坡最爱的便是炒猪肠，每次必点。或有说，处境贫穷的苏东坡有时买来猪下水，亲自下厨犒劳帮助过他的老百姓。从平民百姓到官员富商，这么一道小菜随之风行起来，成为客家人的全民美食。为纪念东坡，炒猪肠也获得了另一个颇带些戏谑意味的名字"炒东坡"。

客家小炒里，最出名的是酸菜炒猪肠。这是一道传统而家常的菜式，但要做得好，难度不低。在猪肠选料上，就一定要挑肥肠往下约50厘米处的一段，用这个部位炒出来的猪肠才是脆的，口感上佳。如果在潮州菜里，往往选最肥的一段肥肠，烹饪方法也不一样，会做成脆皮猪肠。

简单处理好猪肠后，直接将其沥干水，斩开成段。烧大火，放进锅里爆香几十秒，"啫"一下就起来。如果时间太长，就会缺失脆韧的口感。看似只有几个步骤，实际上对火候掌握的要求非常高。炒好的猪肠，光、嫩、滑、香、弹，既多汁甜美，又有嚼头，自然很适合做下酒菜。如此看来，苏东坡爱吃炒猪肠的传说，也有几分可信度。

将客家人爱吃的猪肠与粤菜其他派系的做法融合起来，便诞生了"啫啫大肠"。啫啫煲，本是广府菜的做法，也是广东人心水的吃法，起源于20世纪80年代的大排档。据说当时有厨师把北方炒菜加水焖煮的技法，与粤式小炒的急火快炒相结合，啫啫煲由此诞生。具体来说，是先用生蒜、洋葱、姜块等香料放进煲仔（瓦煲或砂煲）中铺底，而后放入生鲜食材猛火炒制。因煲仔储热导热能力强，一下子就在内部达到极高温的烧焗效果，逼熟食材。生鲜的汁水、秘制的酱汁在这种温度下不断沸腾，滋滋作响。待汁水逐渐凝结，菜香也蕴于其中。等到上桌时掀开锅盖，只闻"啫啫"作响，瞬间镬气满满。

这样的做法被今日的客家菜挪用，能够十分巧妙地突出食材本身的特点。猪大肠肠壁内的脂肪已经被去除，洁净整治，切成厚度较大的圆圈，肥厚饱满。啫啫大肠出炉后，大肠被"啫"得肉质紧缩，沾满了啫啫酱汁，相当入味。与煲仔接触的部分表皮微焦，略带香酥，嚼起来则柔软弹韧，又有些微微辣意，能够醒神去腻。铺底的酸菜

再次出现，同样不可或缺，既解除了油脂，也去除了大肠的腥味。

客家菜中，酸菜串联起了食材的鲜美口感。对客家人来说，吃酸菜已经成为一种生活习惯，其既是困难时期的主菜，也是能吃上大鱼大肉时的绝好调剂。如果少了酸菜，丰腴的肉多吃两口便会感到腻味。酸菜与猪肉，共同构成了多道百吃不腻的经典好菜。正如一首二重唱歌曲，一方的甜美低回，搭配上另一方的激昂高亢，此起彼伏，交相辉映，余音久久留存，吃完也满口噙香。

猪蹄补益　味厚隽永

猪的全身都是宝，然而人人认为是宝贝的部位却不一样。如果要选出自己最喜爱的一处，或许不少人最割舍不下的，是那光滑软弹的猪蹄。

广东人喜欢吃猪蹄，隆江猪脚饭、盐焗猪蹄、白云猪手，都是鼎鼎有名的地道美食。糖醋猪脚姜，也是一道粤菜经典，在广东各地广为流传。早年，猪脚姜一度是粤地女性生育后坐月子时必吃的食物，家人们还要将其分发给前来探视与贺喜的四周亲友。以至于有人一闻到猪脚姜的味道，便知道有喜事降临，条件反射般地去寻找何处有婴儿啼哭。

猪脚姜的起源已无可考。有的故事说，是明朝时有一妇人生不出孩子，被婆婆赶出家门，但后来发现自己已经怀孕了。丈夫每天给她带来猪蹄，并放在醋里保存，防止沤坏。后来妇人生下孩子回家，婆婆愧疚又感动，吃了些媳妇的食品，连叫"好酸（孙），好酸（孙）"。故事原是伦理悲剧，好在最后回到了一个团圆结局，且催生出一道美食。今天吃猪脚姜时，后人也当忆苦思甜，想想做母亲的如此不易，着实应当用心关怀呵护。

人们对这个故事或许只是置之一笑，不过不少人却认为猪脚姜确实有滋补的功效。妇女生孩子后，体虚缺钙，而猪脚姜所具备的种种元素却能全方位地补充营养：猪脚有催奶的作用，骨头钙质丰富；配有鸡蛋，富含蛋白质；浇了甜醋，则能把钙从骨头中溶解出来，且可醒胃提神、软化血管；调味的姜，有活血、解毒和祛风寒的作用。一代代妇女生产后吃一碗猪脚姜，便觉得活力恢复

了几分，可见这是经过了时间的检验。这与客家人坐月子时必吃酿酒鸡也有相似之处。即使这一道菜没有这么神奇的功效，但仅凭猪脚姜的美味可口，也足以让它长盛不衰。猪脚姜演变到今天，已经非女性专利，也可以作为随时享用的家常菜品，在酒楼食肆和市场也能吃得到。

客家人做猪脚姜，自然而然地把客家元素灌注其中：加入客家酿酒。酿酒是客家人爱喝的一种糯米酒，因其性温和，口感甜润，尤其为女性喜爱，也叫"娘酒"。与猪脚同炖的过程中，酒香会变得更加柔和细腻，同时也使得猪蹄的肉质更加鲜嫩弹牙。

掀开锅盖看到的猪脚，乍一眼有些惊人。锅底是颜色稠黑的甜醋，把整口锅衬得有些黯淡。不过，只要在灯光底下，就能看出它的奇异之处：猪脚的表皮油汪汪、红澄澄，似乎透着晶莹的光亮，由此可见猪脚富含胶质。也因此，人们对它养颜润肤的功效深信不疑，故可以放心大啖——虽然很多人似乎在暗地里认为这充其量只是一个借口。

真正开动时，便可吃出其中真味：带有肥膘、皮肉结实的猪蹄久经炖浸，已经变得软烂弹牙。骨头旁边的蹄筋滑溜硕大，呈半透明状，颇为诱人。一口下去，感受到腴滑软糯的表皮、多汁酥烂、肥瘦相间的肉质在舌尖绽开，皮、筋、肉完美交融，肉香横溢。因其连皮带筋，故肥润中带有韧劲。一口下去，猪蹄肉质便把牙齿与舌头绵密地包裹起来，十分温柔缠绵。

融入了酿酒的甜醋醇厚又浓烈，颜色稠黑，若呷上一口，整个身体都瞬间暖和起来。甜醋与姜的味道已经浸透了猪蹄的深层，能尝到酸中有甜，甜中有辣，浓稠微辛。猪脚姜煲里还放着鸡蛋，蛋白被醋染成了褐色，外皮稍有些硬，而蛋黄内部没有渗入，保留着蛋香味，仍是软心的粉末质感，有如地壳与岩浆的内外碰撞。

下煲时用的姜，也是客家的宝物之一。有句顺口溜流传："广东三件宝，陈皮、老姜、禾秆草。"姜的加入，使整锅猪脚不会过分甜腻，并带来一些味蕾上的刺激。广东河源一带的客家人有吃姜的嗜好，其特产小黄姜饭，最适合体虚者服用。在夏天，捧一碗姜饭，吃得全身发热、额头冒汗，并享受辣带来的痛感，才算得上是尽兴。这似乎也和四川人喜于夏天吃火锅的食风有异曲同工之妙。

客家猪脚姜中，诸种材料，共同酿造成一煲酸酸甜甜、略带辛辣的猪脚姜。它象征着新生，祈愿健康与圆满。在未来，或许猪脚姜会逐渐退出产后补品的行列，以猪脚姜招待贺喜亲友的传统也未必能够留存，但这其中所蕴含的用心做好一道菜的爱意，却持续不变。希望这道味厚隽永的猪脚姜，能够"经典永流传"。

以猪肉制成的客家菜肴，有着客家饮食最显著的特点：突出主料、味厚浓香、原汁原味。客家人在材料上擅制家禽野味，在火候上精于控制，制作出一道道醇厚香浓的肉食，引得人食指大动。"诸肉还数猪肉香"，猪肉在客家饮食中牢牢占据着核心地位。从颠沛流离的迁徙之旅，到衣食丰足的现在，猪肉始终是客家人最嗜好的一类肉食。猪肉丰俭咸宜，可以在善于烹饪的客家人巧手下演绎出万种花样，但凭着对食材的热爱与敬重，多年的积淀与改良，客家猪肉菜式在诸般翻新中依然保留了不变的淳朴。

河鲜：水中跃动的鲜活

提起客家饮食的构成，很多人的第一直觉便是：客家人久居深山中，食材匮乏，以家禽走兽为主要的肉类来源，难以吃到河鲜。然而，居住在岭南大地的客家人，却并非如此。在客家人聚居的广东东北部，流淌着诸多河流，构成了细密的水系网络，如东江、北江、新丰江、万绿湖……而广东多雨湿润的气候，也浇灌出一条条小溪流，蜿蜒于山谷之中。粤地客家人凭着自己的智慧，进行着开掘鱼塘、蓄养水库的活动，为餐桌供给了水族之味，又或是在稻田、流水中捕捞，偶然获得的小河鲜，也为平凡的一日三餐增添了鲜活的惊喜。

寻味河源　水美鱼鲜

要尝粤地客家菜的河鲜，就绕不过河源的万绿湖。这个华南第一大湖群山怀抱，因其一年四季、一天四时，处处皆呈现出深浅不同的绿色而得名。万绿湖的水质据说称冠全省，清澈甘美的水生环境里，保留了亿万年前的古生物——对水质要求极高的桃花水母，也滋养出无数快活游弋的河鲜。所有饭店酒家，凡是有从万绿湖获得鱼的，无一不夸口其来源。毕竟，在这里不允许人工养殖，而自然产出的鱼鲜甜且毫无泥腥味，品质上佳。

客家人也巧于运用技能，从大自然中获得馈赠。客家捕鱼技巧自有渊源，甚至留存了古朴的中原遗风。至今在某些地方，人们还会使用已经有三千多年历史的"鱼梁"来捕获野生鱼类。鱼梁主要利用的是水力作用和鱼类洄游的原理，沈从文在《自传集》中也写过类似的捕鱼技法："水发时，这鱼梁堪称一种奇观，因为是斜斜地横在河中心，照水流趋势，即有大量鱼群，蹦跳到竹架上，有人用长钩钩取入小船，毫不费事！"

　　每年清明节过后，便是河源连平的捕鱼旺季。村民们轮流日夜守候在鱼梁旁，等待鱼群跳上竹席，颇有点"姜太公钓鱼，愿者上钩"的意味。鱼被困住后，把竹席上的鱼一条条捡进鱼篓，或是一畚箕一畚箕地捞起即可，多的时候甚至每天可达两三千斤。广东的客家人在享用河鲜上，还是很有口福的。

　　除此之外，岭南畲族客家人也有春节捕鱼"迎春接福"的习俗，众人跳到河里捕鱼，还要一比高低。东江上游曾经有"闹大河"风俗，人们把溶化的茶麸倾倒入江中，使鱼"昏醉"，紧接着顺江而下前呼后拥地追赶醉鱼。最后，人人都满载美味河鲜而归。

　　这些习俗，都见证了客家人对待河鲜的爱吃与会吃。据说客家人的宴席上，往往第一道菜是鸡，寓意"吉利"；最后一道菜是鱼，寓意"有余"。由此可见，河鲜在客家人的饮食中同样有着不可或缺的地位。和顺鱼在客家人爱吃的河鲜排行榜中名列前茅，因其鱼嘴弧度向上，又叫翘嘴。杜甫曾写过"白鱼如切玉，朱橘不论钱"来赞美的长江白鱼（也就是翘嘴鲌），或许就是现在和顺鱼的水族亲戚。

　　最初，粤地的渔民见和顺鱼鱼颈拗起，便称它为"拗颈"。不过，"拗颈"在粤语中是"吵架"的意思。吃饭时"拗颈"，总有些尴尬。和顺鱼传到广州，为取个好意头，茶楼酒家便反其道而行之，将它改称为"和顺"。这与猪肝（干）叫猪润、猪舌（折）叫猪脷，有着相同的逻辑，可见粤人在取名上祈愿美好的精心之处。

　　和顺鱼是珍贵的河鲜，以万绿湖出产的最为优质，是客家人在高端宴席上搬出的河鲜。它也十分娇贵，无法在水质不好的地方存活。优良的环境，养得它集肥美与清鲜于一身。

　　品质好的鱼，要品出其中真味，就需要采用清蒸法。懂得吃的人知道，最好的鱼往往是用来清蒸的，因为这样最能品出原味，最能显现鱼的鲜美。纯用油盐等简单配料，加之猛火清蒸，如烈火炼丹，是否有真材实料，一尝即知。仅用油盐是客家人早年调料匮乏时的一种烹调习惯，在今日则演变成了检验食材基础的法门。鱼的本质全都因此体现出来，好坏明明白白，也最大程度地保留了新鲜感。

　　蒸鱼虽然简单，但蒸鱼也不仅仅是架在火上就万事大吉。蒸鱼

紫金酱蒸和顺鱼

过程中要掌控火候，使其各部位受热均匀。蒸得过久则水分蒸发，鱼肉变得松而柴，嚼之如同蔗渣。蒸得不足，又会有腥焖之感。从出水到上桌，如何呵护这一尾鱼，其中的讲究可谓大有乾坤。

蒸制前厨师把整条鱼从腹部半剖开，两侧张摊，蒸好后便如同比目鱼一般，便于取食。仔细观之，鱼肉白嫩，色泽淡雅，不愧是河湖中的贵族。客家人做菜，主料突出的特点也可见一斑：烹饪家禽家畜时，追求块大、量多；做鱼肉料理，则一做就是一整条。因客家人潜意识里认为，肉是贵菜，量越大越好，而鱼整条地上桌才能够体现它的气势，也有利于保留鱼肉汁液。何况，和顺鱼本身就多小刺，如果切段，多碎骨刺，吃起来也没安全感。

鱼肉刚一入口，马上就在唇齿间化开，几乎来不及咀嚼，肉质相当嫩滑。鱼腩部分更是饱含油脂，晶莹如玉，软滑如凝脂。它也没有河鲜常见的泥腥味，非常清甜。美食家李渔在《闲情偶寄》里写"食鱼者首重在鲜，次则及肥，肥而且鲜，鱼之能事毕矣"，和顺鱼可谓是符合这一标准的鱼中上品。

客家人下油盐容易"手重"，蒸出来的鱼略有一些咸，在鱼身上添加少许甘香的陈皮则可化解，还能去腥，增加清新感。也有店家尝试用姜汁蒸和顺鱼，再将特调的客家紫金酱铺于鱼身之上。紫金酱原本很咸，但改良后的酱里加了客家人常用的猪油渣、姜以及名为黑虎掌的野生菌，富有颗粒感，增加了嚼劲。这样蒸出来的鱼，口味较为丰富，但也不离客家本色：原材料基本都是客家的强项，由此赋予更多山里的特色。鱼的油脂感和清甜与酱料的浓香交织在一起，给人带来了空前的满足感。

和顺鱼同样经得起时间的考验——哪怕宴席时间绵长，各类菜品渐渐冷却，失去了温度的和顺鱼口感仍然鲜美。品质一般的鱼如果凉了，人们便不太敢吃，因为吃进口中便会有腥味袭来。然而凉了的和顺鱼仍然保留着一股甘鲜，香味不减，似在鼓励着人们大快朵颐。

砂锅烹鲜　中原遗风

　　砂锅是人类最早使用的烹饪器具之一，因其受热、导热均匀而受青睐。不少古籍都记载了以砂锅为烹饪器具的文段，如《水浒传》中，就有写鲁智深在小酒店遇到的一幕："猛闻得一阵肉香，走出空地上看时，只见墙边砂锅里煮着一只狗在那里。"民间炖肉，多用砂锅，因其能保存肉质的鲜浓感，味道醇香。而用铁器，则会渗入一种铁腥味，失其本质。

　　北方很多地方，已经很少使用砂锅，高压锅、平底锅等纷繁的代替品"粉墨登场"，而南方因需要煲汤，还常常使用。在南方的客家人则保存了中原遗风，将使用砂锅的习惯沿袭至今。最美味的做法离不开砂锅的温度，在河鲜上，同样如此。

　　砂锅煎焗大头鱼是客家人常吃的一道菜。大头鱼对环境不挑剔，在水库、河塘中都可见到它的身影，位列四大家鱼之一。因其易得且味美，被客家大厨所青睐。

　　大头鱼有另一个名字——鳙鱼。李时珍说它是"鱼中之下品"，"盖鱼之庸常"才得名为"鳙"。想必不少嗜食鱼头的老饕会忍不住为此打抱不平：鳙鱼鱼头的嫩滑肥美，非一般鱼能比。尤其是它喉边与鳃相连的胶质肉和鱼脑髓，通明澄澈，或嫩如猪脑，或软烂如银耳，油而不腻，引人垂涎，且富含胶原蛋白和水分，口感甚是腴美。虽然鱼身肉质相形之下显得略粗，但似乎也不失为一种中庸之道的平衡——如果它的全身都如鱼头般美味，是否能在人类的口舌欲望中保全自己？

　　爱吃鳙鱼的人，发明出专吃其鱼头的吃法，剁椒鱼头便是其中一道名菜。现代的饕客们为了把鳙鱼的特点发挥到极致，更是无所不用其极。人们培育出一种缩骨大头鱼，仅鱼头就占了全身的三分之二。这样便可美美地大饱口福，而不用争抢或谦让鱼头，徒留略逊一筹的鱼身鱼尾部分尴尬了。

　　客家人用砂锅煎焗缩骨大头鱼，把鱼肉自身的鲜香味烘托出来，并保持了鱼皮的丝滑爽口。煎焗的做法一方面保留了原汁原味，同

砂锅煎焗大头鱼

时又有酱料由表及里地渗入，使得整条鱼略带一层金黄的酱汁，鲜美与醇厚并存。滑嫩的鱼肉中小刺较多，需要仔细甄别，不可因为它滑口就囫囵吞枣。煎焗水库大头鱼这种做法也在顺德菜中常见，从中也可一睹粤菜内部各派系之间的交融。

用砂锅焗另一种河鲜——白鳝，同样能产生惊艳味蕾的效果。上好的白鳝，也是来自万绿湖里的河鳝，上桌之前才宰杀，以保证新鲜度，切成大块肥厚的鱼段，只等下锅。

从前客家菜里做这种河鳝，多是切段后整块蒸，蒸得油光水滑。现在则有店家对此不断改良，加入山茶油、胡椒、姜，一并用砂锅焗入味，从而避免了以前吃得过腻、油分太重的口味风格。配料里的小黄姜，是客家龙川的特产。将小黄姜切成薄薄的片状，可以直接吃，口感粉糯而无渣，也不至于辛辣。而山茶油（又名茶籽油）也是客家特有的名贵产物，取自油茶树的种子，一年只能量产一次，若是野生的则更罕见。古时，山茶油因其稀有且对健康养生有特殊功效，被视为"山珍贡品"，作为皇宫御用油使用。

经过长时间煲焗，白鳝已经骨刺酥松，但仍然带有出水时分的清香。入口便能感受到它的肉质软韧、弹滑，不像海鳝那么爽脆，也不似一般的河鳝那么软绵，介乎两者之间。又因为鳝鱼体内储存了丰富的油脂，煲焗的做法保留了汁液，故显得分外柔滑鲜甜。一般来说，白鳝因多油会显得有点腻，而加入各种配料，又平衡了口感。茶油使之滑爽，姜又增香提鲜，客家胡椒辟腥吊味，源于自然的食材，塑造出一道风味自然的佳肴。

从河鲜到客家人的诸多美食，都离不开一只圆润的砂锅。黝黑的它其貌不扬，却有一种浑成古朴的美。作为烹煮器皿，它具有自己的温度。它静静放置在灶炉上，而内部咕嘟作响，升起蒸汽，清淡悠远，如一幅静物画忽而动了起来。掀开锅盖，内部汤汁醇厚，肉香盈鼻，鲜美无比，是无数人魂牵梦萦的味道，也是无数人记忆中抹不去的痕迹。

砂锅焗白鳝

庶民美食　弥足珍贵

河鲜味美，一是新鲜，二是嫩滑，三在于鱼本身肥美，也富含鱼油。美中不足则是带的小刺比较多。除了河鱼，还有河虾、河蚬、黄鳝等小河鲜，同样是岭南客家人餐桌上的家常菜。在流水溪石间偶然发现的小河鲜，虽然未必能带来饱腹的满足感，却也能补充相当的蛋白质，更是能带来欣悦的美味小吃。

河蚬虽小，肉质却紧实弹牙，格外鲜美。客家人制作河蚬，花样百出，煮蚬汤、煮蚬肉、炒蚬、捞蚬、煎蚬蛋，有多少种做法，就有多少种鲜味。河蚬价格低廉，因而成为让人倍感亲切的庶民美食。

小暑前后，正是黄鳝肥时。黄鳝常常出没在稻田水沟里，约上好朋友到田里抓黄鳝，是不少客家人的童年记忆。客家人喜欢做水煮黄鳝、油炸黄鳝，或是荤素搭配，用黄鳝炒苦麦菜、韭菜等，且须加上鳝血，炮制出甘香独特的春天味道。

河虾常见，亦有多种做法。透露出浓郁客家风味的，粉陈焗河虾可为代表。客家人说的"粉陈"即罗勒，味似茴香，是客家人常用的调味香草，也可入药。客家人钟爱草药，有采集、食用草药的习惯，或许是当年为了抵御湿热瘴毒的侵袭、保障健康的做法之存留。粉陈常常出现在各种客家菜品里，比较出名的如粉陈鸭。香草的加入，既凸显了颜色之间的对比度，又增加了口感风味。河虾焗时带着虾壳，干脆而焦香，鲜甜爽嫩的虾肉则让人满口溢香。简单的做法尊崇食材本来的清爽性，加上合理搭配的调味，所选的食材便在一寸方盘间融合了。

粤地的客家人，若靠水而居，则河鱼与河鲜不至于稀缺。虽然没有海鲜的豪华，这些山涧河流中的河鲜却弥足珍贵。有了现代社会物流与养鲜技术的进步，今天的客家人已经可以获得更多种味觉体验，海鲜的使用也渐渐渗入客家菜的选材之中，但河鲜仍然是客家菜中不可或缺的经典。悠悠绿水青山，依然常在；水中活泼跃动的鲜味，对客家人来说也依然难以忘怀。

凡事不宜苟且，而于饮食尤甚。
——清·袁枚《随园食单》

凡事不宜苟且
而于飲食尤甚

袁枚隨園食單語

壬寅冬沈永泰於羊石

清歡亦豐盈

家常菜：寻常欢喜

　　"山野之根，河塘之鲜，田园之美"十二个字点明了客家菜的灵魂，也指出了客家人的饮食取材源头。部分客家人虽依傍河塘，但对客家人来说，饮食中最亲切、最占大头的，还是来自山间与泥土的产物。"靠山吃山"，是客家人获取食物最便捷的方式。大山里，肉食或许尚不易获得，蔬果却俯拾即是。南方的阳光与雨露，催促着植物蓬勃生长。客家人在家中的一方菜园，种下自己爱吃的各种菜品瓜果，如番薯叶、芥菜、苦瓜，耕耘之间等待绿芽破土而出，日渐茁壮，收割时果实沉甸甸地落在手中，幸福感仿佛有形可见。在山间，除了蔬果外，客家地区还盛产菌菇、香草等山货，也为餐桌增添了不少滋味。

　　番薯叶是客家人最为家常的蔬菜，它有着一长便是一大片的特性，在乡下随处可见。不少人感叹，过去作为猪饲料的番薯叶，现在已然成为餐桌上的美味健康佳肴，无论贫富都乐于品尝，成功实现了"逆袭"。其实，现在人们吃的番薯叶，已不仅是地瓜所长的叶子，而是属于蔬菜品种，专牵藤长叶，不结番薯。这样的番薯叶，叶片嫩滑，叶柄爽脆。

　　而且，因为番薯叶不招虫，几乎不用施农药，故保留了更多自然风味，吃起来也更安心，符合现今崇尚天然食物的潮流。番薯叶已不仅是客家地区平常人家的小菜，而已成为整个粤菜地区人们喜欢选择的青菜，口感老少皆宜，几乎不会触及雷区。

　　春季，正是番薯叶盛长的季节，嫩绿可爱。选用这样的新鲜番薯叶，不用放太多油，就可以产生滑嫩的口感。如果是较老的，才要下重点油，弥补食材的不足。而客家人无论新鲜与否，都习惯用重油的方法来做。客家人下重油，或许也有使上桌时的番薯叶保持青翠的考虑：盖上锅盖拌炒，高温会破坏叶子里的叶绿素，使其变

蒜蓉炒番薯叶

黄软烂；在沸水中加入少许色拉油，氽烫过后再快炒，则能使其翠绿如初。

番薯叶的客家做法有拍蒜辣椒煮番薯叶、蒜蓉炒番薯叶等。蒜的加入，烘托出番薯叶的菜香，也去油腻。有时还要一同放入一些豆豉，蒜与豆豉的比例控制得好，则相当惹味。柔软的番薯叶，入口即化，犹如水与膏脂般顺滑。

另一种典型的客家蔬菜则是麦菜，又写作"荬菜"或者"脉菜"。麦菜叶片细长，色泽淡绿，远远观之，仿佛能看出《诗经》中身材修长、身着淡绿色纱裙的美人的韵味。麦菜和生菜有几分相似，也是广东常吃的一种蔬菜，是客家地区冬春季节的主要青菜品种之一。如今的市场上，虽一年四季都能够见到它的影子，但还是应季的麦菜最为美味。

麦菜又分几种，其中最常见的要数油麦菜与苦麦菜。油麦菜叶子偏墨绿色，味道鲜滑。苦麦味道微苦，性平，与其他性凉的麦菜相比，更适合体弱者食用，被客家人认为是"保健菜"。也有人觉得，苦麦并不苦，之所以叫这个名字，是指它"命苦"、贱生，客家人把它的菜籽随便丢在任何地方，都能生长出来。这种随处都能生长的特性，与坚韧的客家人相呼应，也正是这种菜，伴随人们度过了饥荒的年月。

客家人同样会用蒜蓉炒油麦菜。油麦菜选用乡下老家的，色泽鲜亮、叶片厚实，显得分外水灵。再下入自己手剥的新鲜蒜头，最下面铺一层黄豆，重油炒制。这样的做法，在口感上会比广府菜偏肥一点，但能特别凸显出新鲜的油麦菜香味，不腻且爽甜。挑起一片菜，从叶尖到菜梗细细咀嚼，鲜蔬的脆、嫩、滑、润，多汁爽口，尽在其中矣。

苦麦菜则可以加入蒜蓉炒，或是与黄鳝一同烹制，与鸡汤同煮。苦麦菜带有微微的涩味。这种微涩味反而让人觉得它独特，留下更深的记忆。而苦麦菜的基底里，还是爽脆甜口的，若加入鸡汤，则会使它变得更为鲜美。

瓜果也是田间地头的产物。南粤客家山区里丰沛的雨露，滋养

蒜蓉炒油麦菜

出鲜嫩多汁的瓜果。一口咬下，充盈的汁水四溢，让人的嘴角也随之勾起甜美的弧度。

黄瓜是最为普遍的家常菜，无论南北；百香果作为一种热带水果，酸酸甜甜的口味也让无数人欲罢不能，它们在客家农村都有种植。客家人能够运用巧思，将这两种普普通通的食材点化成金，成为一道风味独特的菜肴。百香果黄瓜，乍听起来让人有点摸不着头脑。传统的客家吃法是用醋搭配黄瓜，现在则改为先用盐使黄瓜入味，再直接淋上金黄的百香果汁。刚长成的青绿色的小黄瓜，加上产于河源的百香果，组成了一道清脆爽口的餐前开胃小食。如此组合，带来了别样的清甜与脆爽，瓜与果的汁液同时在口中迸发，酸甜甘香，有如在盛暑中迎面泼来冰水，将夏日的暑热一下子消散了。

客家人最爱的一种瓜，莫过于苦瓜。在南方，酷暑格外闷热逼人。可除邪热、解劳乏、清心明目的苦瓜，在苦涩中，带有山野中原汁原味的清澈，自然被岭南居民分外青睐。广东人将苦瓜叫作凉瓜，或许也是因为其清热去火的卓越功效。只需一见那颗粒饱满的外皮，发着绿莹莹的闪光，心似乎也能随之静下来。

客家厨子常用苦瓜与猪肉组合。苦瓜炒猪肉，是经典的客家小炒。现在的客家餐厅，要卖相又要口感，要有内涵也要颜值，如此炮制出一道"凉瓜逼土猪肉"。当地特产的珍珠白凉瓜唯有在特定的季节才能吃到，每年五月份才上市，八月即不再出产。这种苦瓜肉厚，到了一定的火候便会产生绵糯的口感，与一般苦瓜的脆爽或是软塌不同，吃起来恰到好处。摆盘时还要将它做成特别的造型，把苦瓜连着肉砌回原状，仿佛一只完整的苦瓜。苦瓜与猪肉结合，能使清苦寡淡的苦瓜变得活色生香起来，也使肉多了几分深沉。

土猪肉煲珍珠凉瓜

菌菇与山货：难忘山珍野味

蔬果可以通过人工培育获得，因此那些野生的、需要在山野里经过搜寻才能发现的菌菇等山货尤令人觉得珍贵。客家人背靠的绿野与深山，为他们挖掘这些宝物提供了难得的优势条件。

红菇，是客家人熟知的一种蘑菇，福建和广东的客家人尤其深深爱之。这种味道鲜美的菌子，至今无法人工栽培，对生存环境的要求也相当苛刻，因此产量极为稀少。要采摘野生红菇，采菇人就要在半夜动身，翻过一座又一座陡峭的山头，凭借眼力精准地识别出那些深藏于腐叶中的红菇。菇面大红的它，如一盏红灯笼，在暗夜中亮起。采摘时还要分外小心，既要提防毒蛇，也不能与相似的毒蘑菇混淆。一旦天亮，无论采没采到、采了多少，采菇人都要打道回府了。因为太阳出来之后，菇伞随之盛开，水分蒸发，品质大打折扣。

客家人烹饪红菇，多为煮红菇汤。再加上一些肉来炖，如猪肉、乌骨鸡，则汤里兼具菌的鲜与肉的醇美。煮好的汤呈现出淡淡的紫红色，肉味扑鼻。为了不使肉的腻味压过菇味，厨师便舍弃了客家多下肥肉、多油的做法，煮出的红菇汤较为清淡，香馥爽口，同时具有保健养生的滋补功效。

鸡枞菌的名贵与鲜美，不少人都有耳闻。而其中的极品荔枝菌，则唯有资深吃货才深谙其妙。人们知道云南多菌子，殊不知最好的荔枝菌产于广东。之所以叫作荔枝菌，是因为这种菌只能生长在荔枝树下潮湿的白蚁窝上，无法人工培植。农历五月初到夏至时节，温度上升，雨水增加，天气常骤出太阳骤降大雨，随着荔枝成熟结果，树下的荔枝菌也在悄然生长。一年中就只有这一个月可获得新鲜荔枝菌，故荔枝菌又叫"五月菇"。即使平时可以品味冰冻保存的荔枝菌，口感也逊色了。

红菇炖老鸡汤

荔枝菌蒸鸡

广东的从化、增城、茂名等客家山区，保留了不少老荔枝树，是产出荔枝菌的胜地。常见的荔枝菌为灰色、黄色，如一把收紧的小伞，或是含苞待放的花蕾。更有一种嫣红色的，它在树龄20年以上的荔枝树脚下长成，恰似高处梢头上的红荔，乃可遇不可求的珍品，采摘回来之后，越快食用越好，避免鲜味逐渐消散。

客家人认为，荔枝菌的最佳拍档就是鸡肉，因为鸡是白肉类，味质较为单一，不会带来混杂的味感。而荔枝菌清、甜、爽，能够在鸡肉的衬托中，凸显本有的鲜美。做荔枝菌蒸鸡，菌柄要手撕，不能刀切，避免带上铁腥气。出炉的荔枝菌，脆甜柔嫩，不是浓香，而是清雅的甜味，带有淡淡的泥土气息。丝丝缕缕的菌丝，分外细腻。咀嚼着清爽无渣的荔枝菌，在鲜甜的汁液溢出的一刻，仿佛是在品尝滴落在森林树梢上的雨露。当中用的土鸡则含有油脂，淡而不腻，富有韧劲。这道菜的鲜美感，让人飘飘然，像置身于被潮湿雾气笼罩的仙境中，尝过一次便难忘其味。

其实不止是荔枝菌，客家菜里凡是做菌，都可以搭配鸡肉。用名贵的松茸煲鸡汤，只需要下一些盐，即可酿造一锅鲜甜的汤。简单的做法，恰恰提炼并升华了食材的本味、鲜味。用客家盐焗的做法，还可以做鹿茸菌盐焗鸡。盘子底下垫粗盐，鹿茸菌烤过，和手撕的盐焗鸡一同端上。以盐为主，就能够吃到食材本身的味道——鸡肥韧而肉质中的肌理尽显，鹿茸菌则脆爽可口。盐分控制得当则不会过咸，而是越嚼越香，鸡味、鹿茸味尽在其中。

客家菜一向以"粗犷豪放"的面目示人，不过到了今天，朴素的汤也可以精致化。而这种变化，仍然不离客家深山中的食材与传统做法。

名贵的客家野生金线莲，放进猪肉汤中一同炖煮，这盅汤的身价随即直线上涨。野生的金线莲长在潮湿的山间岩石中，非常稀有，被称为"南方的虫草"。它的药用价值颇高，全草都可以入药，据说在止咳平喘、降低血压、改善体质等方面，都有良效，因此其价格相当昂贵，一斤能卖到上万元。

野生金线莲食用起来也相当爽口，具有草本的清香，融入汤中，与厚、嫩、香的猪肉相得益彰。最令人惊奇的是，经过一个多小时

野生金线莲炖汤

的炖煮，它竟还能保持脆韧，而不像一般的植物一样，炖十几二十分钟便变得绵软。或许，这是生长在岩石中的生物特有的顽强品格，与客家人落地生根的历史、令人惊叹的适应能力和坚韧精神有着内里的相似。为了获得营养物质的滋补，这款汤里面的猪肉可以不吃，"草"倒一定得吃，它十分珍稀。

在幽深丰饶的山林中，家禽、蔬果、菌菇繁盛，处处是原汁原味。客家人在摘取野生山产时，也秉持可持续的观念。例如采菌菇，就要留下含有孢子的泥土，这样来年才有同样丰盛的收获。在自然环境逐渐受到污染的当下，获得野生菌菇更是不易。毕竟这是来自大地的馈赠，人们在大快朵颐时，也应心怀感恩，唯此才能保全美味长久。

随着城市化的脚步加快，越来越多的客家人走出大山，分散在或近或远的城市中，又一次重现了随处分散、落地生根的历史。然而讲究吃的客家人，却不愿意抛下家乡的美味。他们深信一方水土养一方人、一方物，在不同气候里成长出来的东西，口感与质地是不一样的。

若要复刻最本真的客家味道，就要从家乡把原材料运送过来。有的店家，店开在广州，却坚持每天从龙川老家将猪肉、鸡肉等新鲜食材运输过来，五指毛桃、薯粉等干货则从河源运来。清晨五点时车从山区出发，运输到广州时刚好八九点，赶上厨房开工，热火朝天地为新一天的餐食做准备。更早些时候，龙川的盘山公路无比险峻，又没有路灯，开车时的紧张刺激无以复加。为了这一口美味，其中的艰辛，或许不输当年将岭南佳荔送到中原的快马加鞭与万重曲折。

恰恰也是这样的运输路程，把纯粹朴实的客家滋味从深山带入城市中，客家菜也从一方小小的客家围屋，进入了更广阔的天地。

主食：日常的饱足

早年艰苦的生存条件磨练着客家人的秉性，正如同他们建筑起的那一桩桩堡垒般的围屋土楼一样，历久弥坚。客家人的日常生活离不开各种顶饱的主食，是为了保障他们每日耕作的高强度劳动，因此人们常说客家人喜欢吃"干饭"，而不那么爱粥糜汤水。

千年一脉 "粄"传客家

来到客家菜馆，一个生僻的"粄"（bǎn）字常引人好奇，这是客家菜主食中种类最多、地位最重要的一大类。客家人将各种用米粉制作的主食，都统称为"粄"。从历史渊源上看，有学者考究出"粄"字应当源于中原语言的"餴"和"粹"，《康熙字典》中记载这三个字互为异体字，都是指用小麦或大米做的糕饼。而如今，唯独"粄"这个字在客家方言中保留了下来，成为客家人作为中原后裔的见证。

客家人保留了与粄相关的古老食俗，粄不仅是客家人逢年过节、祭神拜祖的必备品，更传承着客家人与自然和谐共生、应季而食的理念。

逢年过节、红白喜事、仪式庆典，客家女人都会齐心协力，精心制作出一笼笼红艳喜人的"红发粄"。红色来自客家人的智慧结晶"红曲"，以籼米为原料自然发酵而得。粘米粉混合水与酵种，控制好发酵的时间避免发酸，加入红曲后倒入陶钵中。上锅蒸熟后，粄从陶钵中隆起一座座小山峰，顶部裂开如人"喜笑颜开"，因此它也有了个昵称——"笑粄"。

发酵后蒸熟的发粄口感微韧，有些类似伦教糕①，但更松软绵密。

---

① 广东佛山市顺德区伦教镇的特产，由籼米粉、西谷米等原料制成，以晶莹洁白著称，是岭南地方糕点。

红发粄

若是切片后小火慢煎，则多了一层酥脆与油香。一片片不规则的发粄重新在白瓷盘里向心排列，彼此堆叠，宛若一朵盛放的牡丹。那红灿灿的色泽似乎使人能遥见来年的兴旺喜庆。此刻，若是耳畔响起清脆的鞭炮声，便能瞬间时光穿梭回童年的某个春节。那举着红发粄在人群里穿梭嬉闹的孩童，亦挂着同样灿烂的笑脸。

山野寻芳　百草入馔

农历三月的天空总是阴雨绵绵，云层厚重，地上的人们忙着祭祀，空气中都仿佛飘散着淡淡的思念哀愁。过去，客家人大多在春分、中秋等时节扫墓，而清明前后则正好赶上春耕的大忙季，全家都得投入生产劳作，可顾不上扫墓祭祖。

此时，土地在雨露的滋养下也变得无比肥沃，山间、田野间青草离离。旁人兴许看不出门道，当地人却能发现不少宝贝。当地有俗谚称"清明时节，百草好做药"。艾草、鸡屎藤、白头翁、荠菜、苎麻叶、鱼腥草、使君子……一连串名字听起来就野味十足。

正面青绿、叶底银白的艾草散发着独特的芬芳，在草叶之间尤为显眼。"清明前后吃艾粄，一年四季不生病"，客家人从先祖那儿承袭下来的传统，便是在春分至清明时节之间制作艾粄。春雷未响之前的艾叶，脆嫩、甘甜、清香、性温和，涩味不明显，是用来制作清明粄的上佳之选。

艾叶洗净、煮熟、舂出汁水，与浸泡、蒸熟的糯米混合成米面团，在特制的石臼中反复捶打。往往是两人配合，一人翻搅面团，一人踩石锤舂打，在默契的配合下，伴随着有节奏的敲打声，米面团变得极具韧性，吃的时候就更有嚼头。捶打完后再将米面团分成小块，包入甜馅，最后放入木头模具中压制造型，用力拍打，一个圆润的青团子便从嵌口中滚落。

一个个青翠欲滴的圆团仿佛将万绿山的春天带到了桌上，这时的艾粄可用来香煎。一口咬下煎后的艾粄，外表带着煎过之后的脆硬，口中发出嘎哧一声轻响，油香味满溢而出。紧接着是糯米本身的柔韧，慢慢咀嚼，艾草本身略为霸道的青草味渗透出微微清苦，并缓缓回甘。霎时间，如有春风般的清新爽朗迎面而来，与清明阴

艾叶青团

雨的温吞相配最是互补。再咬一口，便能尝到最内层的芝麻花生馅儿，经过研磨、反复过筛之后的馅料犹如绸缎般细腻绵滑，混合着糖的甜蜜与猪油的醇厚，甜味与油脂的香气中和了艾叶的青草味与苦涩感，达到了令人满足而又不过分甜腻的平衡。

中华民族的先祖很早就认识到艾草的价值：艾草能够祛邪除湿、调理阴阳，尤其对女性健康有益。在过去的贫困年代，客家妇女在坐月子期间，常用艾叶煮鸡蛋或艾草根炖乌鸡汤滋补元气。

艾叶的身影不仅仅出现在清明，也出现在端午。客家人亦称端午为"五月节"。梅州地区有童谣传唱："粽子香，香厨房。艾叶香，香满堂。桃枝插在大门上，出门一望麦儿黄，处处都端阳……"清明前后采摘的艾叶晒干，待到端午时悬在门前，人们认为能驱虫辟邪。《诗经·采葛》有云："彼采葛兮，一日不见，如三月兮！彼采萧兮，一日不见，如三秋兮！彼采艾兮，一日不见，如三岁兮！"时至今日，艾叶虽不再寓意着爱情，但这特殊的气息总能在瞬间挑动人们思乡的心弦——一日不见，如隔三秋。

客家的粄随时间不断发展，从主材、配料到烹饪方式等，都变得越来越丰富多样。在客家人南迁之后，由于南方水土不适合小麦生长，客家人便多以稻米为主食，或是红薯、木薯、芋头等易栽种、产量高的作物为食，方可满足充饥果腹的需要。在那物质匮乏的年代，勤劳能干且心灵手巧的客家女人也练就了一身"点石成金"的本领，总能将平凡的食材变作令人眼前一亮的家常美味。

算盘子便是以芋头和木薯粉为原料。如今，手工制作算盘子的技艺只有在梅县等客家地区才有传承：用特制的木头模具敲出一颗颗"圆子"，再用手指在每一颗中心按出个圆窝。搓好的算盘子下锅，用猪油爆香，晶莹的算盘子更显得丰腴油亮。加入猪肉末一齐快速翻炒，只需一点盐、生抽，最后撒入田间刚采的新鲜小葱进行点缀、增香，即可装盘。

从小山一般堆起的算盘子中夹起一颗，在灯光的照耀下格外透亮，浓郁的油香一瞬间充盈口鼻之间。慢慢咀嚼，伴随着软弹爽韧的质感，算盘子本身的芋头甜香缓缓释放。与糯米食品的黏糯不同，算盘子更像是当下年轻人喜爱的芋圆，干脆利落中带着坚韧的劲头。

算盘子

据说这道菜发源于清乾隆年间，皇帝微服出巡后爱上了芋头，回宫之后便指明要厨师烹饪以芋头为主料的菜肴。一位来自大埔的御厨便创制了这道算盘子，皇帝品尝之后赞不绝口。但起初，由于菜的模样看起来与芋头毫无关联，厨师还差点被定为欺君之罪。后来，乾隆身边一位祖籍大埔的官员返乡时，也顺带将这道算盘子传播于客家地界。算盘子有警醒人们"精打细算"的寓意，也表达着客家人对未来的美好愿景，它成为客家人逢年过节必吃的一道"意头菜"。

客家人虽然对客人们十分慷慨，但在日常中却循着勤俭节约的祖传美德。客家老人常教导子孙要"会划会算会当家""年年都有好打算"。尤其过去，客家人看天吃饭，丰俭不定，只有精打细算才可能为家人带来更稳定而饱足的生活。事实上，客家人也有所谓"不入省城，就下南洋"的观念，或是读书科考，或是外出经商，淳朴实在却也精明的"客商"成为客家人的一张名片，客家人逐渐在南方站稳脚跟，绵延不息。

端午食粽，是中国人的传统，行走过大江南北全国各地，想必会被中国人制作粽子的智慧所征服：口味、形状各式各样，有咸肉粽、火腿粽、蛋黄粽，也有赤豆粽、豆沙粽、栗子粽、红枣粽，还有纯白米粽；或大或小，或角状或长条或扁形……而客家人最传统、最有地方特色的粽子当属碱水粽，也称为"灰水粽"。

南方客家山里生长的牡荆树被称为"布惊树"，砍下树枝燃烧成草木灰，可制作成天然的灰碱。将浸泡过碱水后的糯米塞入粽叶中，用特定的手法包成三角锥，最后用棉线扎紧，下锅蒸煮。一大家子人围坐在一起，分工协作制作粽子，正是闲话家常、增进感情的好机会。

剪断捆扎粽子的草绳或棉线，一层一层地剥开粽叶，好奇心与馋意愈加浓烈。一阵独特的碱水味伴随着水汽飘散开来，粽子在墨绿的粽叶之间"犹抱琵琶半遮面"。脱去外衣的碱水粽看上去比一般的粽子更加晶莹透亮，由米白变为棕黄，糯米颗粒之间的边界模糊，一粒紧挨着一粒，彼此交融。碱水使糯米的性质发生了改变，口感比一般的糯米更有弹性、更紧实，每一口都能感受到用力咬合、咀嚼的快感。

没有肉粽、蛋黄粽的油香，也没有豆沙粽、杂粮粽的粉糯，碱水粽实在是"甲之蜜糖，乙之砒霜"，客家人对它尤其情有独钟。在制作的时候，掌控好碱水的添加量与浸泡时间尤为重要，若是不小心过量，味道会苦涩难以入口。碱水粽晾凉以后直接吃或蘸砂糖吃，清心爽口。当然也可以蘸上些自酿的土蜂蜜，蜂蜜缓缓流淌、包裹、滴落，犹如琥珀，谁能不动心呢？

质朴腌面　温暖脏腑

客家人不仅有米制品的主食，同时也保留了北方面食的传统。在中国，用小麦磨粉制作成的各种面食几乎遍布各个角落：陕西油泼面、大同刀削面、兰州牛肉拉面、四川担担面、武汉热干面、延吉荞麦冷面……而在客家人聚集之处也有一种特别的"腌面"。

腌，在古书上原义是用盐腌渍的食物，但在客家语境中，实际上广义地指一种烹饪手法。腌面，指的就是将面烫熟之后，直接用猪油、盐、酱油、葱花等调料拌匀食用。

若是相比起其他以面食著称的地区，客家人的腌面在广东一众米食中的确略显单薄，但从历史渊源上看，它的确是客家人由北向南迁徙的见证，在客家人的日常生活中尤其具有不可替代的地位。

清晨，只要在客家地界的小街小巷里走走，便能发现许多家早餐店都在售卖着同一种搭配：腌面加三及第汤。曾听客家朋友说起，这样一顿早餐便是客家人心中的乡愁滋味，每次回家乡，只有搅拌起腌面、大口饮下三及第汤的瞬间，心里才有回到家的真实感。

客家人制作手工面主要靠阳光、风和时间，若是天气不配合，恐怕就吃不上这口好面了。自然晒干与机器烘干的面条所损失的水分不同，产生的肌理、内容大不相同。手工面正如同电影胶卷一般富有质感与层次，记录着和面、揉面、饧面、擀面的一点一滴，存留下厨师的心血。

制作腌面应选用生面（湿面），粗细适中，或圆或扁，色泽米黄而有光泽感。精准掌握好煮面的时间才能使面保持软中带韧的口感，不至于绵烂塌糊。煮好的面捞起沥干，卷放在碗中，面条尚缭绕着热气，沁透出迷人的麦香。腌面的灵魂是猪油，饱满的油脂味

道最能带给人直接的快乐。趁热淋上猪油、酱油等调料，最后撒上金黄、香喷喷的炸蒜蓉，用翠绿的葱花简单装饰，看似简朴无华的腌面，实则蕴含着客家人的温柔敦厚与生活智慧。

面刚刚端上来，香味就已经迫不及待地自我炫耀起来了，似乎催促着食客"及时享乐"。用手腕的巧劲将面翻起、拌匀，指尖微旋将面卷起，送入口中。手工面的表面粗糙，能更好地挂住调料，一口之内便能尝尽诸般滋味。香味的主体来自于酥脆的蒜蓉与猪油渣，蒜香、油香与焦香混合，面条以清新干爽的麦香味打底，飘浮在上层的葱香与胡椒香隐隐发挥着提振精神的作用。

三及第汤则是用新鲜的猪杂制作而成。古代科举称状元、榜眼、探花为三及第，客家人则以猪肉、猪肝、猪粉肠为喻，祈求子孙后代金榜题名。猪杂带着鲜活的味道，配上甘苦的枸杞叶与辛辣的胡椒，一口下肚，不仅稍稍中和了猪油腌面的浓郁质感，而且暖意从舌尖一路延伸至胃里。一口猪油腌面、一口三及第汤，生活的本质正如同这简单质朴的家常美味，心底的那份安稳满足油然而生。

豆制品：如影随形的豆香

客家人有句俗语"无汤不成席，无鸡不成宴"，豆腐则寓意"老少都平安"，还有一首客家童谣到现在还流传着："咕噜噜，咕噜噜，半夜起来磨豆腐；磨豆腐，虽辛苦，吃肉不如吃豆腐。"相比起宴客酒席的排面，我们需要更多地面对三餐日常，老少平安才是中国人最朴素而永恒的祈愿。在客家人长达上千年的迁徙历程中，豆香味始终如影随形，无数日常记忆都与之相关。哪怕身在别处，一旦闻见这地道的豆腐味，便如同触发了时光机一般，诸般往昔情境翻涌而来，那些名曰"历史"的深闳之辞，此刻都抵不上"生活"。

在广州的菜市场或超市，冷藏货架上售卖的米黄色的豆制品往往由深至浅地排列着，各种不同的豆制品琳琅满目：泉水豆腐、锅香豆腐、老豆腐、卤干、攸县香干、千页豆腐……小小的标签上印着不同的名称，常常让购买者一时纠结起来。

其实不同的豆腐适宜不同的制作方法，常年在菜市场选购的家庭主妇大都会知道哪种最适宜她当天所要用的烹制方法，哪种豆香更浓或口感更滑。

客家人向来偏爱豆制品，自然对豆腐有着极高的标准。在菜市场，购买者用指腹点两下，再凑近闻一闻，若是眉头一皱，便知这豆腐不能令其满意。

在物资困难的年代，稻米的供给难以满足，肉类更是只有在逢年过节时才有的享受，客家人便以廉价易得且营养丰富的黄豆充当主食。小小的豆子在客家人手中千变万化，豆、水、卤在自然与时间的作用下，发生微妙的化学反应，成就不同形态、质感与品性的豆制品。

对于喜爱豆腐的人而言，只是泉水与豆子本身的清甜就足以令人满足。而清代诗人袁枚在《随园食单》中曾说"豆腐得味，远胜燕窝"。在中国大地上，各地都有自己烹饪豆腐的智慧，用不同的调味、配菜、器具等，赋予本味清淡的豆腐丰富的滋味。

勤劳朴实的客家人创造了煎酿豆腐。河源豆腐有着干净清甜的豆香味，嫩滑得入口即化，是客家豆腐中最广为人知也最大众化的一种。豆腐切成规矩的四方块，正中心挖出一个小浅坑，嵌入肉馅儿，这是最能体现客家人智慧的烹饪技法之一——酿。

酿的馅料以猪肉为主，有讲究的厨师必会选用最厚实的前胛肉，肥瘦适中且分明，瘦肉筋道有嚼劲，肥肉甘爽而不腻，只需要一点胡椒和葱就能调出肉的鲜味。手工剁馅虽然耗时费力，但更能保持猪肉的质感。

酿好的豆腐块以小火慢煎，表层便会镶上一圈焦香的金边，柔嫩的豆腐即使盛着饱满紧实的馅，也能保持美观的造型。调味，勾芡，最后送入砂煲中焗香，盖上盖子才能按捺住豆腐那不安分的劲儿。端上来的路途中，里面的汤汁被砂煲持续加温，渗透进豆腐的孔隙中。揭开砂煲的瞬间，"滋滋"的声响与浓郁的香气犹如欢脱撒野的孩子，跑遍屋子的每一个角落。浓密的水蒸气散开，米白色的豆腐块在滚烫的砂煲里微颤着，底部一层薄薄的汤汁"咕嘟咕嘟"地冒着小气泡，翻涌起诱人的香味。

用勺子盛起一块颤颤悠悠的嫩豆腐，一口咬下，浓郁的汤汁在口中溢出。豆腐的香甜与猪肉的动物油脂香融合得恰到好处，表皮被煎过后略带一点酥脆。而豆腐与肉馅的内部依旧保持着嫩度与湿度，层次感鲜明，如此丰富精彩！

相比这常见的河源豆腐，河源龙川的车田豆腐在客家菜中更具地方特色，也常被用来制作酿豆腐。常见的石膏豆腐只要调好浆水，"哗啦"一下，一气呵成地冲入豆浆中，不一会儿就会凝结。而车田豆腐则不仅需要引用车田镇当地的优质水源，还要用上传统独特的点盐卤技艺。将当地产的黄豆磨成浆，放在一个水缸中一滴一滴加入盐卤进行点化，需要一个多小时才能凝固成形。

车田豆腐在成形之后还要用布压紧，放上柴火炕微烘，使表面呈现出浅嫩的黄色，显得愈发肥润诱人。这种豆腐比河源豆腐少了柔软而多了弹韧，嫩滑中带有一种紧致质感，而豆香与些微柴火味混合，更是别有一番风味。据说过去有客家人以"车田豆腐"为

煎釀豆腐

招牌在广州创业，一个单品就能经营十年八年，足可见客家豆腐的独特魅力。

除了豆腐，客家人制作的腐竹则以豆香味浓、肉厚，煮制时不糊、不碎、不浊汤而饱受赞誉。最早出现在李时珍《本草纲目》中的是"腐皮"一词，后人也称之为"腐竹"，借"富足"之音讨个好寓意。

记得曾在河源乡下看当地的客家妇女制作手工腐竹，她们在一间不大的房子里碾豆、翻煮豆浆，需一直守在锅前不停地挑腐竹。偏偏制作腐竹一定要等天晴，日照当头时，屋内热气蒸腾，令人透不过气来。

点卤或冲浆之前的豆浆在加热的过程中，表面凝结出一层薄薄的豆皮，用扁长的竹竿轻轻挑起、悬挂、排列整齐，层层叠叠的，颇有意境。在阳光的轻抚下，豆浆皮逐渐干燥，微微收缩成形。家家户户门前晾晒着的腐竹一束束金黄发亮，最是一片好风景。

客家人热情而实诚，待客时总愿意倾其所有地呈上一大桌子丰盛菜肴。葱油捞南昆山腐竹只用最简单的手法，反而更能凸显腐竹的本真之味。用手撕开的葱丝看起来潦潦草草地铺在腐竹上。米白的腐竹光滑鲜亮，表面自然微卷起褶花，挂着些许晶莹的葱油，吃到口中滑如绸缎，嫩如琼脂，豆香温润和婉地在口中萦绕着，清澈甘鲜的味道使人一下子就能联想到南昆山的好山好水。

腐竹可荤可素，可烧、炒、凉拌、汤食等，各有风味，既可作为主料，也常在客家菜中扮演重要的配角。或是一道腐竹钳鱼煲，或是腐竹焖肉，腐竹吸收了饱满的汤汁，原有的豆香味与酱汁、肉香味相融合，成为客家人记忆中最有辨识度的家常滋味。

客家人除了将豆子制作成腐竹烹饪热菜，还将豆子制成甜品小吃——豆腐花。相比起北方人的咸豆花，客家人更偏好微甜的口味。洁白如玉的豆花轻轻躺在瓷碗里，表面光滑如镜，仿佛能照透一切。用瓷勺探入碗中，连带着澄澈的甜水挑起一块豆花。随着手的动作，豆花微微晃动，却没有想象中的易碎。一碗豆花端正地放在那儿，便给人一种清雅朴素、柔和婉约的美感，仿佛蕴藏着从容平静的力量，能抵世景流转、沧海桑田。

豆制品可谓是中国人的智慧结晶。看似小巧的豆子，却名曰大豆，可见它在中国人的生活中、心理上占据了何等重要的地位。对于客家人而言更是如此，在那物资不富足的年代，人们以豆代肉挨过生活难关，这看似平淡简素的豆子实则承载了丰满的回忆，那清淡的香气也便显得韵味非常了。

酿菜：万物皆可酿

　　酿菜，则是客家人为寄托乡情所创造的。客家人源起北方民族，喜食饺子，而小麦在南方的土地上从来都不是主角，于是聪慧的客家人便用手边易得的豆类和蔬菜等代替小麦面做饺子皮，可以说酿菜是"神似而形不似"的客家饺子。

　　民间也有故事流传：从前有一对很好的兄弟去餐厅点菜，一个想吃苦瓜，一个想吃猪肉，两人为此争执不下，最后，客家老板制作了一道猪肉酿凉瓜，一下子满足了两个人的胃口，从此就有了"酿"的菜式。客家人几乎将所有能想到的食材都用来制作酿菜：酿冬菇，酿尖椒，酿豆腐，酿茄子……"万物皆可酿"的言外之意是各得其乐，亦是分享与包容。

　　而客家人秉性中的热情实在，也着实体现在了酿菜上。到客家人家做客，一大盘酿菜看起来花花绿绿、满满当当：米白的豆腐、金黄的油豆腐全都挖去顶部，翠绿的苦瓜墩去瓤，紫白相间的茄子切成三层的"风琴包"状，褐色的香菇犹如一盏盏灯座……不同的酿菜排列拼盘，可名曰"煎酿三宝"。

　　土猪肉挑选好部位，加入葱、马蹄、笋等素料一起剁成馅泥。用匙羹挖起一勺肉馅，仿佛隆起一座小山包似的，再借着一股子蛮劲儿摁进豆腐、苦瓜、茄子、香菇里，压两下，再添点肉馅塞得严严实实——那敢情是生怕客人吃不饱呢。客家女人们运用巧手与丰富的经验，将肉馅稳妥地塞入形状各不同的食材中，即使嫩如豆腐也不会有丝毫缺损。

　　相比起广府菜的精致，客家菜更显质朴，只用盐、葱、蒜等最常见的调味品，却意外地凸显了食材之本味。用客家人喜爱的腌菜水渌菜铺底，带来咸鲜微酸的丰富滋味。盘子里摆满酿菜，看起来相当有满足感，即使是宴席上也毫不怯场。蒸煮最能保持原汁原味，煎焗则香气四溢，红烧焖烩更是色香味兼备，最后撒上些青翠的葱

煎酿三宝

花或芹菜增香亮色，客家菜咸、肥、香的特质体现得淋漓尽致。

诚如晚清黄遵宪诗云："筚路桃弧展转迁，南来远过一千年。方言足证中原韵，礼俗犹留三代前。""客家"是一个长处在流动迁徙中的族群，那独特的食俗与烹饪技巧，源自山野的禽鱼菌蔬，以及咸、肥、香的风味，无不见证着客家人来时路上的坎坷艰辛与生存智慧。在那浓郁醇厚的滋味中，还隐藏着一缕细微而不易察觉的动人之情，无关风月，不止乡愁，而更似是一种来自生活的朴素力量。

不是結語的結語

从文化看饮食的当下与趋向

饮食的演变，是文化的演变；文化的趋向，也是饮食的趋向。

有人类就有饮食，有饮食就有口味喜好与饮食习惯的形成，就有各种烹饪方法的出现与衍生、改良与创新，就有对饮食的选择挑剔与评价分享，或评评点点，或津津乐道，不一而足，就会出现各种记录、典故与资讯。于是习俗的形成与记载的积累慢慢地形成了文化，饮食文化也由此而生。不过谈文化，必然是带着情感的，带着情感就有了共鸣与争议，这就是饮食之所以惹人关注之处，也是人类之所以区别于其他生物的地方，可以说，没有饮食就没有人类文明。

而于饮食，看似普遍，也为日常，但提升到文化层面来说，却不是谁都可以说是知味识吃的。《中庸》中有这么一句话："人莫不饮食也，鲜能知味也。"人人都要吃喝，但却极少有懂得饮食之道的。魏文帝曹丕的《典论》也说"三世长者知服食"，有三代以上阅历的老者才懂得穿衣吃饭。可见自古以来，饮食就非一日之功可以悟得。宋代张耒的《明道杂志》也引述钱穆的话说"三世仕官，方会着衣吃饭"，看来，吃的学问并非轻而易举，而是非长期的经验积累与善于思考领悟且乐于践行者不可得也。

有人说中国的文化是饮食文化，西洋的文化是男女文化，话虽耐人斟酌，但道理好像还是有的，"食、色，性也"，就过程那种色、香、味、形、意的细腻感受、倾情享用与那份情调、氛围、激情、舒畅中的快意与满足是有着意蕴的共通之处的，所以有关饮食男女的文字或视频剧目等，总是为人们所喜闻乐见或分享私赏。此外，不是说我们就不男女，西洋就不饮食，法国大餐、土耳其饮食久负盛名，东方的日本料理也风行天下，这些海外饮食的享誉与传播自有其别具的形式与文化存在，其间许多饮食元素也常常被善于兼容并蓄的粤菜文化所吸纳与应用，从而形成了更为受众广泛且享誉中外的粤式美食。

关乎饮食，变才是永恒不变的。

随着时代变化，人们饮食习惯与审美爱好的演变，烹饪技法与菜系形式也在不断地融汇与创新发展中，而善于博取众长、融汇贯通的粤菜尤甚。科技的发达与数字时代的到来、信息沟通的便捷以及物流配送的高速发展，为人们的生活带来了更多的便利性与可塑性，也为食材应用、烹饪技法、饮食形式、口味融合等带来新的叠变与不同形式的丰富。通过对西式、日式、中式烹饪系统的重新认识，对法国菜、土耳其菜和中国菜的比较了解，对中国各大菜系的融合借鉴与互为补益，以及各种食尚潮流元素的不断碰撞交集，饮食文化一直在演变与积淀中。这其中，遍布五湖四海的粤菜就表现得尤为突出，而且较集中地出现了坚守传统、兼融互鉴和标新立异等多种多样的倾向。

对时下餐饮形式的判断，虽本人研究仍不够全面，眼界也有所局限，但不妨作大致的分类，除了家常饮食和坊间小店外，优秀的粤菜餐馆基本上可分为四种形式主义。有"不问西东的形式主义"，这类餐馆广泛吸收借鉴不同的饮食形式，以创意时尚为纲举，在食材、器皿与呈现形式上不断叠加各种新手法新材料，把西式、日料等饮食形式充分应用到粤菜中，把时尚跨界的元素也不断应用到粤菜中，以崭新的演绎方式突破了美食的疆界；有"坚守东方的本位主义"，这类餐馆坚守中餐传统精髓，坚持世代相传的烹饪技法，形式上虽略显守旧但品味上却味道稳定形式经典而令人回味无穷；有"材料至上的唯物主义"，这类餐馆对优质食材十分执着苛求，猎珍求贵，把好食材用到极致，对食物的本味与菜肴的调和发挥得淋漓尽致，菜品形式简约、宁静而有底蕴，让人百品不厌；有"兼融并蓄的时代主义"，这类餐馆既执着于传承，又把复古作为创新形式，并把经典不断地打破，通过传统菜品的解构重组和融入新食材新元素，同时又不断吸纳借鉴各种不同的烹饪技法，只要不违和，总是兼容并蓄，为我所用，让人感到既有熟悉的味觉又有崭新的观感。当然，这些区分只是选其要旨，也可能边界并不那么清晰，而是互为渗透、互为融汇的。

由是观之，传承、守正、创新，解构、糅合、突破，没有做不到，只有想不到。

于是，未来的餐饮菜系仍将是形式多样、主张多元，同时又百舸争流、融汇交织的局面，变化多端将是不变的主流。但归根结底，所有的变化又总会从量变到质变，从形式到实质，从猎奇到情感，从好看到好吃……在纷繁复杂的社会生活中循环往复，但核心实质依然是"好吃才是硬道理，文化才是持久的生命力"。

饮食，与人类共生共存，将伴随着人类生生不息的进程而继续适应需求、彰显个性，又兼容并蓄、汇流奔腾而变化无尽。

後記

大粤菜

后记

在《大粤菜》一书即将付梓之际，回顾该书筹备的过程，不经意间已过了一年多，竟觉得有点不可思议。

自己日常工作确实有点忙，虽凭着爱好也不时地写写文艺评论文章并出版过一些艺术评论的结集，之前还写过许多休闲类饮食文章，但多是从一蔬一菜、一荤一肉乃至一地一店着眼，或美味品赏，或资讯感想。而要系统地写一个菜系，特别是写一个备受关注、他人已多有涉及的粤菜，如何写得与众不同，写得别具意义，则真的感到有点难以入手、难以着笔。虽写的也是自己土生土长的地方和从事多年的职业，但还是有所顾忌、有点心怯。

能下这个决心并把书稿完成，这不得不感谢广州出版社柳宗慧社长的不断鼓劲推动，她抬爱地认为"当下会写的没你会吃，会吃的没你会写，所以非请你写不可"。还有本书责编郑薇的积极推进和特约编辑谭越、林诗婷等的协助，终于把这十几万字啃了下来。现在回过头来看，此书也基本达到心目中的要求，即大的架构完整，小的逻辑可信；可供轻松阅读，可达普及知识；呈现出味蕾之旅，视觉之旅，并力求人文、思辨、情感俱备，以美食情怀的追求与业内人士的视角不断交织，从而提升到综合的高度与文化的层次。

本书之所以命名为"大粤菜"，盖因以内容观之，有广府菜、潮汕菜、客家菜等广义粤菜所及的范围之大；就层次而言，有粤菜向来精彩纷呈、备受追崇所体现的格局之大；从时空上看，既有空间上粤菜遍及五湖四海的影响之大，也有时间上本书力求顾及过去当下与未来的思考与探讨的跨度之大。当然，"大粤菜"的着眼点还在于摒弃狭隘的地域观或派系之争，结合时代大发展、大融汇的大局观，把视角延伸至大湾区的港澳地区，乃至东南亚的新加坡等区域，以一种大融合的粤菜观视之，只要不违和，在相近相容相互影响的区域特色中，推动菜式烹饪与相对统一、相对融汇的菜系互促互融互为补充并丰富与提升，这也是我提出"大粤菜"概念的初衷与原动力之一。故立意如是，权且充"大"，并虚心接受行家达人的批评，待日后以臻完善，进而冀能名副其实。

为了提高可读性和专业性，书稿写时信马由缰，大胆落笔，梳理时小心收拾，细处雕琢；并结合自己多年积累的资料，多方请教行家，并对各分支菜系进行实地调研，也拍摄了大量现场照片，力求在书稿中多一些场景、多一点风情、多一分人文呈现给读者。因此，书稿撰写与收集资料的过程中，除了要感谢自身所在企业广州酒家提供了拍摄的便利，还要感谢山语客家菜李雄斌先生不仅提供餐厅菜品拍摄的方便，还带队到河源实地考察；感谢客语集团许可鹏先生提供采写与资料的方便；感谢顺德勒流东海酒家谭永强先生提供采写与拍摄的方便；感谢潮菜研究会会长张新民老师帮助协调各种潮菜风情与场景考察拍摄的方便；感谢汕头韩上楼、富苑餐厅、老潮兴粿品、澄海日日香餐厅等提供考察与拍摄的方便；感谢交己人餐厅胡旭东先生、谷粒林记餐厅叶思游先生提供采写的方便；还有出版社用心邀请的设计师谭达徽先生、摄影师禤灿雄先生对本书的热诚投入，等等。

最后，还要特别感谢著名学者中山大学黄天骥教授不吝撰文赐序。黄老先生学识渊博，这篇序，述及美学、哲学、文学、历史、物理、化学等方方面面，且生动有趣，精彩纷呈，令人回味无穷；特别感谢川菜文化学者石光华先生和粤菜文化学者周松芳博士等赐文评论，他们结合行业、结合现实、结合文史充分发挥，精心提炼，行文中鼓励有加，令在下倍受鼓舞之余也有所汗颜；特别感谢羊城晚报资深美食编辑施沛霖女士与本人对文稿深入讨论并提供宝贵意见。书稿形成后，还得到了蔡澜、梁文道、陈立、大董、陈晓卿、沈宏非、黄爱东西、蔡昊、董克平、小宽、林卫辉、葛亮、谢有顺、彭树挺、闫涛、何世晃、钟成泉、林振国等行尊、名家、学者撰文致句予以大力推荐。

当然，相信日后还有更多好友同好、行尊达者、名流墨客等会不吝置评与建议，在下将热诚欢迎，虚心接纳，不断提高自身见识水平，力求再出新著，再上台阶。

此外，特别遗憾和感伤的是，之前为本书题写目录和书法插图的书法家沈永泰先生，在 2023 年初因新冠永远地告别了人世，深感痛心，也深为怀念，并致以深挚的敬意！

总之，事之所成，众之所助，铭记于心，感恩不尽。

赵利平

2023 年 6 月

煌煌大粤裳

彬彬一君子

录陈晚卿先生评语 壬寅 书 卓琪

港珠澳大桥